YUYAO SHUIDAO

余姚水稻

韩娟英 钟志明 沈一诺 编著

中国农业出版社
北 京

Foreword | 前 言 |

　　余姚是世界农业文明的发祥地。余姚农业文明的历史，始于河姆渡人的原始农业文明，距今有 7 000 年历史，史前稻作文化传播天下名扬世界。

　　水田稻作栽培在河姆渡先人的原始稻作基础上经历了历史漫长的发展。纵观水稻演变发展史，由于生产条件限制，自然灾害频繁，余姚市以姚江两岸中下游为主的水稻田生态环境长期处在原始型生态状态，水稻产量低，粮食不能自给。

　　中华人民共和国成立后，党和政府十分重视发展农业，我国的水稻生产和科学技术取得了举世瞩目的成就。余姚市水稻生产也在市委市政府的高度重视下得到了稳定发展，经历了实现农业发展《纲要》、建设"吨粮市"和发展"高效生态农业"三个时期，为稻作文化谱写了许多新的篇章。为了反映余姚市水稻生产和科学技术成就，笔者对中华人民共和国成立后余姚市水稻生产技术进行了整理总结，编写了本书。

　　本书从水稻种植制度、品种、栽培技术三方面讲述余姚市从 1949 年至今的水稻生产。全书共三章，第一章为水稻种植制度，阐述了余姚水稻生产的 3 个阶段：第一阶段，1949 年至 20世纪 60 年代末完成从间作稻向连作稻的全面改制；第二阶段，70 年代初至 90 年代中期，余姚水稻在三熟制条件下稻作生产高速发展；第三阶段，90 年代中期至今，发展高产优质高效农业，水稻种植面积下降，轻型栽培方式替代传统手插栽培，部分双季稻被单季稻替代。第二章为水稻品种,本书将1949—2018年在余姚市栽培的主要水稻品种作了一一介绍,首先根据国家水稻数据中心、育种单位撰写的文献资料介绍品种特征特性、产量表现等,然后介绍该品种在余姚市的种植表现、当时的栽培要点、推广情况。在章节上分为早稻品种、晚稻品种、糯稻品种、山区中汛稻品种4节。本章为本书重点,从每一品种上可以见证余姚水稻的历史。第三章为水稻栽培技术。分别阐述人工插秧时期稻作栽培技术、轻简栽培技术及其他优质高产高效生态栽培技术。

本书系统地阐述了余姚市1949年以来的水稻生产的历史过程,从尊重历史的角度,对于早期的品种、栽培技术等有关文字表述、数据单位仍采用当时的传统、文献资料上的计量单位而未改成统一的文字表述和单位名称。

本书的编写得到了余姚市农业农村局及有关部门领导的关心和支持。余姚市农业技术推广服务总站周红海、鲁立明及余姚市农业农村局周乃君提供了部分相关资料。在此谨向他们以及被参考了图书、论文、资料的作者致以衷心的感谢!

由于笔者学识水平及经验有限,疏漏之处在所难免,敬请广大读者和各位同行提出宝贵意见。

余姚市种子种苗管理站　韩娟英

2019年7月30日

Contents │目　录│

概　述

　　余姚地处美丽富庶的长江三角洲南翼宁绍平原中间，东与宁波市区相邻，南枕四明山，与奉化市、嵊州区接壤，西与上虞区为邻，北濒杭州湾，跨钱塘江，与海盐市相望。余姚地形由平原和低山丘陵组成，地势南高北低，东西相距 58.5 千米，南北相距 79 千米，境域面积 1 526.86 千米^2（含杭州湾水域）。其中，南部山地丘陵 805.09 千米^2，占 52.73%；中北部平原 432.51 千米^2，占 28.33%；水域面积（含海域）289.26 千米^2，占 18.94%，素有"五山二水三分田"之称。南部四明山山峦起伏，间有盆地、谷地，最高峰大长山青虎湾岗海拔 979 米。山区以黄红壤为主，大小溪流众多，水资源丰富；中部平原以水稻土为主：西为渗育型水稻土；东为潜育型水稻土；北部为滨海南平原，以潮土、粉泥土、盐土为主。姚江横贯中部平原，穿越余姚城区向东与奉化江汇合成甬江，直趋入海。平原水系发达，河网密布，湖泊众多。东排、北排水系设施完善，农田旱涝保收面积占 95% 以上。余姚气候适中，属亚热带季风气候，多年日均温 16.2℃，年日照 2 061 小时，年均无霜期 227 天，多年平均降水量 1 361 毫米，年降水分布有两个峰值：春夏之交的雷雨和秋季的台风雨，雨量相对集中，夏伏干热明显。

　　余姚是世界农业文明的发祥地。余姚农业文明的历史，始于河姆渡人的原始农业文明，距今有 7 000 年的历史，史前稻作文化传播天下名扬世界。

　　据 1973 年和 1978 年对境内河姆渡遗址两次大规模的科学发掘，经中国科学院考古研究所和北京大学考古实验室共同对文物标本放射性元素碳 14 的测定，遗址面积约 4 万米²，由 4 个相互叠压的文化层组成，总厚度约 4 米。特别是距今近 7 000 年的第四文化层中贮存着大量的稻谷、谷壳、稻叶茎秆等堆积物，其堆积厚度从 10 厘米至几十厘米不等，最厚处达 80 厘米，堆积范围超过 400米²。稻谷稻叶的外形还保持着外形原有形态，稻谷已经炭化。经 105 粒碳化谷粒的测定，其中 4 粒为野生稻，101 粒为栽培稻种。按完整谷粒的长度宽度和颖壳稃毛等形状特征鉴定结果，这些栽培稻长宽比在（2.53～2.71）：1，平均为 2.62：1，且稃毛在谷壳（即内外颖）上分布均匀，排列整齐，长短较一致，再经抽样鉴定，千粒重达 22 克，并从炭化稻谷中分拣出完整的稻米等来看，都表明这些稻谷属于栽培稻的籼亚种中晚稻型的水稻品种（后又有专家经复鉴发现有粳型亚种，认为是一个亚洲栽培稻属的杂合群体）。与此同时，从第四文化层中出土的骨制农具——骨耜，标志着河姆渡稻作已脱离了刀耕火种阶段，进入了"耜耕农业"时期，这要比传说中的神农时代的耒耜耕作还要早几千年。稻作不仅历史早，而且已具相当的生产规模与水平。更令人惊奇的是在被发掘出土的陶釜（锅）中还残存着米饭的"锅巴"，而可旋转于陶釜上的底平有孔的陶甑，一如今日之饭甑。据此，从遗址第四层出土的大量骨耜农具，成堆的稻谷和杆栏式木结构住屋等都表明当时河姆渡先民已经过着耕作的定居生活，农业劳动已逐渐成为主要劳动，稻米已成为主要食粮了。

　　河姆渡遗址就其稻作文化而言，稻作为主的农业文明在整个河姆渡文化史中占有十分重要的地位。至今在宁绍平原共已发现河姆渡文化遗址 49 处之多，其中分布在姚江两岸又最为密集，如丈亭镏山遗址、三七市田螺山遗址、宁波江北傅家遗址等就有 31 处。这众多的遗址充分表明，宁绍平原杭州湾地区应是稻作起源的中心，这就全面修正了认为稻作起源于印度的学说，栽培稻以我国为最早已是毋庸置疑。同时从农业史的角度看，正如农史学家游修龄教授所指出：不妨说在新石器时期的黄河流域是以粟文化为代表的旱地农业，而同时期的长江流域及其东南地区则是以稻文化为代表的水田农业。这两种文化在未接触以前是各自发展起来的。我国古代自从成为统一的多民族国家以来，稻作农业已经从南到北遍及黄河、长江流域，同粟一样，为古代中国的灿烂文明作出贡献。

余姚秦置县，属会稽郡直至中华人民共和国成立，地处宁绍平原中心的杭州湾地带。据考证，大约在距今 1 万年的时候，余姚处在海浸时期，南至四明山北麓，北为滨海广大地区一片为海，一些零星屿丘露出水面。随着海水逐步退去，形成湖沼相海积平原，一些屿丘成为平原间的低丘、小山。由于地势西南高、东北低，当时姚江只是向北、向东排水的沟，平原成泻湖形。河姆渡东南背山，北为平原河网，上山可以狩猎，下河可以捕鱼，平原可种稻谷，成为当时原始部落社会聚居之理想所在。姚江的成型大约在夏禹东巡治水后，距今有 4 000 年的历史。河姆渡人定居河姆村远在姚江成型之前。在沦为一片浅海的古宁绍平原，河姆渡先人在潮水涨落水位变化不大的河床或湖滨滩地的低洼处，利用自然雨水"灌溉"形成原始农业古水稻田，并利用骨耜作为清理低洼处的杂草和淤泥的工具做成底部平坦的"洼田"，进行水稻初始阶段自然多型性的混合群体栽培。水田农业稻作栽培在此基础上进入漫长的发展时期。

根据有关史料记载，几个重要历史沿革发展时代为，相传距今 4 000 年前的帝尧时代，水稻种植开始实行"一盛一衰"的轮荒制度。

南北朝时期，宁绍地区已是稻米和绢丝的交易中心，"垦起湖田"已十分普遍，发展水稻生产已具相当水平。北魏贾思勰著农书《齐民要术》，对水稻的栽培已述其详："稻无所缘，唯岁易为良。选地欲近上流。地无良薄，水清则稻美也。三月种者为上时，四月上旬为中时，中旬为下时。先放水，十日后，曳辘轴十遍。遍数唯多为良。地既熟，净淘种子，浮者不去，秋则生稗。渍经三宿，漉出，内草篙市专反，判竹，圜以盛谷。中裹之。复经三宿，芽长二分，一亩三斗掷。三日之中，令人驱鸟。稻苗长七八寸，陈草复起，以镰侵水芟之，草悉脓死。稻苗渐长，复须薅。拔草曰'薅'。虎高反。薅讫，决去水，曝根令坚。量时水旱而溉之。将熟，又去水。霜降获之。早刈，米青而不坚；晚刈，零落而损收……。"把水稻的栽培过程从选地耕耘，浸种播种，除草搁田，施肥灌溉，收获留种等各个环节都已叙述得极为准确清楚了。

唐代是中国历史的盛世时期，对水稻的种植方式进行了重大的改革。在唐代后期，为了调剂季节、充分利用光温资源、提高单位面积产量，开始普及插秧法，即从原始撒播法发展为移栽法，这标志着水稻栽培技术已日臻完善。

宋代，宁绍地区水稻生产发展又有新的特点，出现了"处处稻分秧，家家麦登场"的稻麦两熟种植制度，并首次出现了双季间作稻（即早稻行间嵌插晚青），大批优质农家品种被选用，单位面积产量大为提高。水稻从一年种植一季的单季稻发展到一年种植两季的双季稻，双季稻中又从间作稻发展至连作稻，这是水稻栽培制度的重大突破和稻作文化的重要发展。从清代陈元龙著的《格致镜原》中说："杨孚《异物志》：'稻，交趾冬又熟，农者一岁再种'。《农田余话》：'闽广之地稻收再熟，人以为获而栽种，非也。其乡以清明前下种，芒种莳田，一垄之间，稀行密莳，先种其早者，旬日后，复莳晚苗于行间，俟三秋成熟，割去早禾，乃锄理培壅其晚者，盛茂秀实，然后收其再熟也。'"这说明双季间作稻的栽培方式始于南方，渐次北移，这与地理纬度和气候差异规律是相一致的。但双季间作稻又是如何向连作稻发展的，尚缺文字记载。但清代乾隆年间，关于双季连作稻的记载已十分明确，《余姚康熙县志》记有："早稻割后再种者谓之翻稻，易生虫，以烟叶筋插之，则绝。"这表明当时余姚市已有连作稻种植，并掌握了土法治螟技术。据《光绪志》记载，余姚早稻品种有如火稻、六十日等品种 16 个；晚稻品种有晚青、花秋、细秆、晚粳等品种 16 个，余姚农民称细秆为小谷子，米质特优，其米称精白尖，产量低，普通农民少种；糯稻品种有早黄糯、黄壳糯、桂花糯等 20 个品种。其耕作制度平原以嵌稻为主（早稻播种后半个月至 20 天，横行中嵌插晚青），烂水田以单季稻、糯稻为主，山田种"露白"单季中籼稻为主。在光绪年间，已开始种植连作稻，早火稻割起再种晚禾，农民称之为翻稻。翻稻易遭螟虫危害，可用烟茎防治。稻作生产方式一直沿用到中华民国时期。

双季间作稻有组织的推广是在 1935 年，根据浙江省建设厅制订《双季稻推广区组织暂行办法》，浙江省农业改良场在余姚设立绍属双季稻推广区，设立双季稻推广办事处，由县长兼任主任，建设科长任干事，下设推广员、治虫督促员和合作事业指导员，建立示范户和示范田加快推广速度，当年在斗门、马渚等地共推广双季稻 10 097 亩[①]。其后由浙江省农业改进所统一提供的在余姚县牟山湖建立的稻麦改良场新选育的早稻 503、504 和晚籼 9 号、晚粳 10509、晚糯 204 等，以当地农家品种火稻、早生、嵌青等为对照，一般都增产三成左右，由此双季间作稻也渐推广。直至中华人民共和国成立前夕，各地由于区域差异较大，以水稻为主的种植制度因东南部地区地势低、人口稀，仍以一年种植一季中汛稻（湖白）为主；西北部地区多为绿肥（冬闲）——间作稻或春粮、油菜、草籽种——单季稻两熟制，在人口密集地区局部推广间作稻为主的三熟制；北部稻棉兼作区，水田实行稻棉轮作，"年花年稻，眉开眼笑"，水稻产量最高，一般要比未轮作稻田增产两成左右；南部山区、半山区，水田多为绿肥（或冬耕水泡）——单季稻。

但纵观水稻演变发展史，在中华人民共和国成立前，由于生产条件限制，自然灾害频繁，日寇侵略，战乱不断，姚江两岸中下游为主水稻田的生态环境长期处在"稻田养野鸭，蚂蟥像扁担，田螺像鸭蛋"的原始型生态状态，水稻产量很低，粮食不能自给。根据《浙江建设统计》记载，历史水稻产量最高的年份是 1934 年，余姚

---

① 　亩为非法定计量单位，1 亩＝1/15 公顷。——编者注

县粮食总产 289 825.7 吨，其中种植水稻 612 642 亩，总产稻谷 188 096 吨，平均亩产 307 千克，民国期间全县粮食产量仅供民间半年以上之食，平年缺半数，丰年缺 1/4。

中华人民共和国成立后，党和政府十分重视发展农业，使水稻为主粮食生产稳定发展。经历了实现农业发展《纲要》、建设"吨粮市"和发展"高效生态"农业 3 个时期，为稻作文化谱写了许多新的篇章。

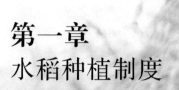

第一章
水稻种植制度

随着农田基本建设的发展，优良品种的推广和科学种田水平的提高，生产条件不断改善，余姚市水稻种植制度有了较大的改革，并且在历史进程中与良种、良法、生产条件相互影响、相互促进。

第一节　水稻全面改制

中华人民共和国成立后，党和政府十分重视发展农业，1956年发布《全国农业发展纲要（草案）》，余姚县委根据《纲要》内容和宁波地委意见，联系当地实际，制定《余姚县 1956—1967 年农业发展规划》，使水稻为主的粮食生产稳定发展。

1954 年初《关于南方稻区单季改双季、间作改连作、籼稻改粳稻的初步意见》作为指示性文件发给各省、地、县，很快为各地领导和群众所接受，改制工作在党的领导下成为群众运动，迅猛发展起来。余姚县对水稻种植制度进行全面"五改"，即单季稻改双季稻、间作稻改连作稻、中籼稻改晚粳稻、低产作物改高产作物、一年一熟制改一年两熟或三熟制。据 1955 年对 874 个农业合作社改制增产效果调查，全县（余姚 1985 年撤县设市）71 269 亩连作稻平均亩产 406.73 千克，比间作稻增产 31.49%；双季间作稻比单季稻增产 69.13%；单季晚粳稻比中籼稻增产 24.46%。各地出现了一批高产田，牟山一社、兰塘一社和乌山二社的 492 亩连作稻,平均亩产都在半吨以上,其中牟山一社 2 亩连作稻,平均亩产 650 千克,为当时浙江省水稻产量之冠。

1956 年,余姚县开始提出以发展连作稻为中心的"三发展"即发展连作稻、发展三熟制、发展高产作物,进行水稻全面改制。当年全县种植连作稻 435 460 亩,占水稻总面积的 74.1%,同时强调推广直六横三小株密植,由于超越了劳动力等客观条件和"5612"台风(八一大台风)的严重影响,晚稻减产,改制受挫。1957 年,连作稻从 1956 年的 43.54 万亩减少到 19.24 万亩。1958—1960 年全县连作稻再次扩大到 40 万亩左右。

1961 年,贯彻执行了"调整、巩固、充实、提高"八字方针,各地强调"因地制宜"科学地进行改制,1965—1966 年,随着生产条件的改变,全县连作稻种植面积占水稻总面积 61.31% 和 83.9%,耕地复种指数达 257.2%~257.7%,对全县粮食亩产实现农业发展《纲要》指标和跨千斤发挥了重要作用。水稻种植制度改革至 1970 年基本完成,全面实现了连作化,占水稻总面积 90%;单季稻 2 万~3 万亩仅在山区、半山区种植,双季间作稻渐趋灭迹。

随着水稻种植制度的改革,在稻作栽培史上开始大量的向外引种优良水稻品种,如南特号、陆财号等。为解决早稻"倒伏"问题,实现水稻矮秆化改革过程中,余姚先从北方引入有芒早粳、青森 5 号、原子 2 号、宁丰、卫国、陆羽等品种,因适应性差、脱粒困难等原因遭淘汰。20 世纪 60 年代初引入早稻矮脚南特、晚稻农垦 58 等品种,深受农民欢迎,特别是早稻矮脚南特矮秆抗倒伏,增产潜力大,一般亩产 300~400 千克,比其他早籼品种增产 30%~50%。为加速繁育矮脚南特,1963 全县推广种植早翻早 4 153 亩,全县 1964 年种植面积达到 11 万亩。1964 年 7 月早稻收割前县委沈宏康书记亲自组织带领各乡(镇)领导和部门负责人及部分农技干部赴嵊县象白洋参观早稻矮脚南特号高产现场,大大加快了推广速度,1965 年达到 28 万亩,占早稻总面积 71.2%,早稻平均亩产 337 千克,比 1964 年早稻亩产 192 千克,增产 43.2%。1963 年又引入晚稻农垦 58，秆矮抗倒伏，穗长粒多，优质高产等，1965 年推广 23 万亩，占晚稻总面积 50.5%，平均亩产 275 千克，比当时晚稻品种一般增产 18.2%～45.5%。因此，早稻矮脚南特和晚稻农垦 58 两个品种，在余姚水稻从低产到高产的稻作发展史上发挥了重要作用。其间又相继引入莲塘早、团粒早、圭陆矮、矮南早、二九青等早稻品种和晚稻早熟农垦、农红 73、桂花黄、珍珠矮等中粳、中籼品种，使早、晚稻中的早、中、迟熟品种完整配套，调剂了农事季节。同时由于矮秆高产品种的推广，除极少数山区深山冷岙中个别农户仍种有农家老品种外，20 世纪 60 年代中后期农家品种彻底地退出余姚稻作栽培历史舞台。

随着水稻种植制度的改革，稻作栽培技术发展也很快，重点围绕品种布局，推广良法栽培。20 世纪 50～60 年代，总结推广劳模经验，继承与改革结合，改革传统农业，反映在第一代稻作栽培上，重点是育秧技术的改革、耕作管理的改革、植保技术的改革、农机具的改革。50 年代以后，特别是姚西北地区农民或劳模单位，对稻作栽培做得十分到家，其精耕细作程度在水稻栽培的出版物中也很难找到。例如稻田耕作整地，在冬耕晒垡的基础上，春季用铁耙再行掘"翻墒"破泥鼻，泥土晒白后，再进行"双耕双耖"，然后灌水耥平，捞除浪头碴，清除虫蛹卵块，再按田块大小拉线开好"十、井、田"字沟，留好操作埭，做到面平如镜，再行插秧。稻作农事操作中最为精细辛苦的是余姚农民传统的跪地爬行耘田除草，水稻插后 7 天左右开始，要耘田 3～4 次，双脚跪在稻行间，边耘田边爬前行，要株株耘到。

第二节　三熟制下稻作生产高速发展

1967—1996 年建设"吨粮田"，实现"吨粮市"，稻作生产高速发展。实现连作化后，农作种植制度上主要推广"三熟制"。这 30 年中，可分为 2 个不同时段。

1967—1976 年，由于高产与缺肥的矛盾十分突出，余姚县各地发展养猪积肥、稻草还田和增积土杂肥，同时大力推广"三水一绿"，种植绿肥作物，控制绿肥用量及推广化肥深施技术等。但最终还是由于耕地复种指数高达 260％左右、工厂停工、化肥不足等因素，造成绿肥田早稻吃饱，三熟制早稻半饥半饱，连作晚稻（以下简称连晚）饿煞，全年产量不高。全县粮食亩产自 1966 年达到 515 千克以后，至 1976 年 10 年平均亩产为 523.15 千克，全年粮食在千斤左右徘徊不前。其中晚稻产量从 1966 年的亩产 208 千克，至 1976 年 10 年平均为 183.6 千克，反而减产了 11.7％。这在 10 年中，化肥、农药等物资条件制约了稻作的发展。

1978 年，党的十一届三中全会以后，依靠政策、科技、投入，稻作生产高速发展。20 世纪 80 年代以后开始实行农村联产承包，政府逐年提高粮价、取消粮食统购政策等，大大地调动了农民科学种田的积极性。同时化肥、农药等农资也大量增加，基本满足了水稻高产的要求。

这一时期，水稻品种取得突破。20 世纪 80 年代初，早晚稻稻瘟病盛行。1981 年原嘉兴市农业科学研究院所育成的粳稻品种秀水 48，不仅产量高，而且高抗稻瘟病，为了能快速推广，余姚县通过海南冬繁、本地单本插等手段加快品种更换，中断了稻瘟病的大发生。之后余姚县晚稻全面推广抗稻瘟病、抗白叶枯病、丰产性好、产量高的以秀水 48、秀水 11、宁 67 为代表的半矮生型晚粳品种。早稻品种推广了熟期早、抗性好的中熟早籼，不仅增强了早稻抗白叶枯病性能，提高了早稻产量，并起到了以中代迟的作用，提早了连作晚稻插种季节，为连晚提早在立秋前（高产插种时间）插种提供早茬口，为晚稻亩产超 400 千克，为早、晚稻双高产起到承前启后的作用。代表品种为原丰早、浙辐 802、二九丰、嘉籼 758。

水稻栽培技术上在继承第一代传统农业技术的基础上，通过引进积极推广了以稀播壮秧少本插和平稳促进的施肥技术为中心的

"稀、少、平"第二代技术，保证早稻稳产高产的同时，大幅度地突破了晚稻产量。1982年，城北永丰市府粮食高产示范方所在村，也是浙江省农业厅粮食生产基点，全面推广"稀、少、平"栽培技术，全村1 910.6亩连作晚稻，平均亩产391.9千克，第一年实现晚稻超早稻，其中742.1亩晚稻秀水48，平均亩产404.7千克，有46.7亩超500千克，最高1.6亩，亩产高达561.7千克。当时县内和全省各地生产队长以上农村基层干部和农业科技人员近万人前来参观，当年永丰大队被评为全省粮食生产先进单位，省人民政府授发奖旗给以鼓励。1983年全面推广晚粳秀水48和应用"稀、少、平"栽培技术，全县471 336亩晚稻，平均亩产293千克，比早稻285.5千克高7.5千克，第一年实现晚稻超早稻；1984年全县480 287亩粮田，平均亩产780.5千克，接近"双纲"；1985年382 024亩早稻，平均亩产412.5千克，1988年455 600亩晚稻平均亩产407千克，实现了早、晚稻单季超《纲要》；1988年全市441 800亩粮田，平均亩产833千克，成为浙江省乃至全国第一批实现粮食超"双纲"的县（市）。

20世纪90年代开始，在栽培技术上，主要推广"稀、少、平"第二代技术的同时，推广水稻以提高成穗率为突破口，以"稳穗增粒"为目标的"三高一稳"第三代稻作栽培技术，把稻作栽培提高到一个更高水平。据1990年全市区乡44个粮食中心方实产统计，其中27个方，面积2 961.4亩，亩产已达1 046.8～1 136.4千克，比全市提前6年实现"吨粮"目标。1996年37.74万亩粮田，实现"吨粮"，全年平均亩产为1 024千克，总产38.65万吨。

第三节　稻作调整

20世纪90年代以来，随着我国国民经济的不断发展，人民生活水平不断提高，特别是由计划经济向社会主义市场经济体制的转变，农业劳动力大量向二、三产业转移，农业生产从单纯追求数量型增长逐步向数量与质量、效益并重和以质量、效益为主转变。

1992 年 9 月 25 日，国务院发布了《关于发展高产优质高效农业的决定》，明确指出我国农业正处在调整结构和发展高产优质高效农业的新阶段，这是我国农业发展史上的一个重大转折，提出在我国要大力发展高产、优质、高效农业，农业生产不仅要保障我国粮食的数量安全，而且要讲究粮食的品质和质量，提高生产效益，增加农民收入。在此背景下，随着我国农业新品种、新技术、新材料的广泛运用和市场经济的建立与不断完善，我国稻田种植制度迎来了中华人民共和国成立后的第二个改革与发展时期。如果说，20 世纪 50～80 年代的我国稻田种植制度第一个改革时期，主要是提高复种指数和强化多熟种植，为我国增加粮食产量和解决人民温饱问题作出了巨大贡献，那么这第二个时期的稻田种植制度改革，则是在稳定稻田复种指数和多熟种植的基础上，重点发展以提高效益和品质为核心的多元农作制度及生产模式。

在此时代背景下，全国水稻科技工作者在继续重视和致力于水稻高产研究的同时，把稻米品质和稻作生产效益提到了科学研究的议事日程，强调开展优质水稻和高效生产技术的研究与示范推广。水稻栽培科学，在进一步调整稻田种植结构和发展多元化农作制度的基础上，围绕简化生产作业程序、减轻劳动强度和省工、节本、增效，开展了以旱育秧、抛秧、直播稻及免耕栽培为主的水稻轻简高效栽培技术研究与推广；围绕稻米品质形成、品质优化、与质量提高，开展了以保优栽培、无公害栽培为主的水稻优质栽培技术研究；围绕水稻产量源与库、个体与群体、地上部与地下部等主要生育关系，开展了以稀植栽培、群体质量栽培、超级稻栽培等为主的水稻高产超高产技术研究和应用；围绕节约资源和改善生态环境，开展了以节水、节肥栽培及秸秆还田等为主的资源高效利用技术研究与开发。

余姚市根据市场资源的配置和效益优先的原则，农业产业进行了结构性大调整，全市水稻播栽面积调减了 40%～50%。在种植制度改革中，在确保粮食稳定增长的同时，适当减少粮食作物的播种面积，以市场需求为导向，把经济作物、饲料作物、蔬菜、瓜果以及养殖和稻田种养等模式等纳入到稻田种植制度中去。同时为了保证粮食的安全，逐年加大了对"三农"的扶持力度，余姚市以水稻为主的粮食生产在浙江省内仍然保持着先进的生产水平。特别是在发展现代稻作产业中增加投入，依靠科技，围绕稻农增收和可持续发展问题，又有许多新的发展与创新。

余姚市种植业结构调整明显的时间节点是 2000 年，水稻面积从 1999 年早稻 36.4 万亩、晚稻 42.9 万亩调整为 2000 年的早稻 22.66 万亩、晚稻 35.77 万亩，单季晚稻面积猛增到 10.6 万亩。表现为：一是水稻总种植面积下调。二是大量单季稻替代双季稻，"三熟制"重新由"二熟制"替代，标志着熟制又进行了一次改革。2000 年以来这种变革持续进行，至 2018 年早稻 5.08 万亩、晚稻 21.79 万亩。

这一时期，栽培方式发生了根本性改变。在 1996 年前，水稻全部沿用"脸朝黄土背朝天"的人工插秧方式。自 1996 年开始，一套以旱育秧、抛秧、直播稻及免耕栽培为主要内容的水稻轻简实用栽培技术开始应用。余姚市在 1995 年、1996 年进行了积极的试种示范。其中水稻旱育稀植方法，由于本地缺乏旱地，而水田大多排水不畅，余姚市试种了几年未大面积推广。余姚市从 1997 年开始大面积推广水稻抛秧、直播，使传统的水稻人工"弯腰"插秧改变为"直腰"抛栽和直播栽培，大大地减轻了农民种稻的劳动强度，也减少了生产用工。

水稻抛秧是最先替代手工插秧的栽培方式。1997 年，余姚市早稻抛秧面积达 3.45 万亩，晚稻 3.32 万亩，占水稻总面积的8.6％。以后大幅增加，2000 年达 15.6 万亩，占水稻总面积的26.7％。2001 年后种植业结构调整，水稻总面积下降、单季稻面积增加，抛秧面积、比例略有下降，2005 年开始又逐年增加，2009 年占水稻总面积 41.5％，其中连作稻抛秧占连作稻总面积的70.8％。以后又随着机械化插秧的推广，水稻抛秧面积又逐年减少，至 2017 年抛秧占比已不到 5％。

20 世纪 90 年代中期，余姚市引进推广水稻直播。刚开始，由于受草害、出苗整齐度、季节紧张等因素影响,应用面积比抛秧少。之后,随着技术进步和单季稻面积的大幅增长,直播面积不断上升。2006 年起,单季直播面积超过单季稻总面积的一半,2008年达 76.3%。随着机械化插种的快速推广,面积和占比略有下降。但由于直播技术是最简便的方法,近几年直播面积又不断上升。目前,早稻、单季稻直播面积分别占 70%、60% 以上。

水稻机插是解决"三弯腰"的最后一道难题,也是实现水稻全程机械化必走之路。余姚市真正的机械化插秧,从 2007 年开始推广 1 万多亩,2010 年达 15.21 万亩,占水稻总面积 41.41%,2013年面积最大,为 17.19 万亩,占 52.67%,近几年由于不再进行机械插种补助,面积略减。

这一时期,品种技术亦发展迅猛,与种植制度、栽培方法相互推动。

1992 年,国务院发布《关于发展高产优质高效农业的决定》,明确提出要把扩大优质产品生产放在突出地位。这一时期全国开展早籼优质化生产,浙江省启动了"9410 计划",培育了舟 903、嘉育 948、嘉早 935 等优质早籼品种。余姚市在 1994—2001 年期间优质早籼在早稻生产上也引种、搭配种植,并实行优质优价收购政策,1997—2001 年累计种植 12.15 万亩。2001 年以后随着种植业结构调整、早稻面积大幅下降,优质早籼退出生产。

1997 年抛秧技术推广,由于当时现有连作晚稻品种生育期较长而插种期又受到早稻成熟期的限制,多采用延长秧龄来解决,而抛秧栽培的秧盘育秧限制了秧龄,要求短秧龄育秧,这就需要特早熟的晚粳品种来解决连作晚稻抛秧问题。余姚市率先从嘉兴市农业科学院引进了特早熟晚粳新品种丙 93-390(后定名为秀水 390)进行抛秧示范推广,全市最为突出的是马渚全佳桥的水稻双优双抛双千克(早稻品种嘉育 280、晚稻品种丙 93-390)的高产高效示范点。1995—1998 年全村 8 户种粮大户的 632 亩水稻,早、晚稻年均亩产都接近或超过 500 千克,增产增收效益十分明显。浙江省宁波市都在该村多次召开现场会,参观者络绎不绝,《浙江日报》

专题发表了评论员文章,各级领导都曾到现场参观指导,全佳桥的水稻抛栽技术工作经验名扬全省,也更加速了余姚市水稻抛秧技术的推广普及。这也说明了栽培技术需有相应品种来实现,同时新品种的出现,也需要有相配套的栽培技术来实现其价值。

2000年种植业结构调整,单季稻面积猛增。此后的品种从产量上又上了一个台阶。杂交粳稻甬优1号诞生,成为浙江省第一个比对照增产10%以上的杂交粳稻品种,并且单、双季适用,余姚市1998年引入,开启当地栽培杂交晚粳稻历史。余姚市1999年引入秀水110,该品种每穗总粒数120粒左右,实粒数突破100粒,其库大源足产量高正契合单季稻种植需要。

2006—2010年早稻主要推广种植穗型较大的嘉育253超高产中熟早籼品种,从2008年起晚稻大穗高产品种宁88开始大面积推广。早晚稻大穗高产型品种的推广推动了水稻机械化插秧的应用,也可以说,机械化插秧的需要选出了大穗高产品种。

进入2010年以后,水稻品种进入了超级稻时代。早稻品种以中早39为代表,晚稻品种以甬优系列籼粳杂交稻为代表。余姚市早籼新品种中早39的示范推广辐射带动了中早39在浙江省的推广,两次农业部超级稻认定验收均在余姚市举行。2012年、2014年、2016年、2017年,浙江省早稻现场观摩会暨中早39示范推广会议均在余姚市现场观摩。余姚市从2010年开始推广籼粳杂交晚稻甬优12,此后又有甬优538、甬优1540等新品种,籼粳杂交晚稻的推广,使余姚市晚稻生产涌现了不少亩产900千克的田块。余姚市农林局种苗管理站在牟山、陆埠建设的水稻新品种展示示范基地,每年有来自省内外的农业工作者、种粮大户参观考察,极大地推动了水稻新品种尤其是甬优系列水稻新品种在省内外的推广。

在目前稻米供给侧结构性改革形势下,甬优1540等既高产又优质、甬优15等口味外观俱佳的品种种植面积呈上升趋势,更加优秀的新品种及配套的优质高效高产栽培技术也将不断创新与发展。余姚水稻种植制度演变情况见表1-1、表1-2。

表 1-1　余姚水稻种植制度演变情况（1949—1987）

单位：万亩

年份	水稻合计	早稻	中汛稻	单季晚稻	连作晚稻	间作晚稻	秧田晚稻
1949	97.54	38.13	12.320 0	5.887 5	0.446 6	40.686 0	0.067 0
1950	97.41	37.89	12.231 8	6.163 5	0.550 6	40.493 7	0.082 5
1951	98.58	38.98	11.587 3	5.942 5	0.574 8	41.410 2	0.086 1
1952	99.22	39.80	10.035 3	5.573 4	0.718 6	43.058 7	0.107 8
1953	101.88	43.01	7.621 0	5.076 6	0.923 6	45.112 7	0.138 6
1954	103.41	44.05	6.803 1	4.851 0	2.608 6	44.775 0	0.391 2
1955	106.63	45.61	5.083 1	5.279 4	7.129 6	42.557 1	1.068 9
1956	80.67	42.47	0.381 1	5.325 3	17.486 0	8.968 2	6.060 0
1957	106.19	45.06	1.165 2	6.705 6	17.499 2	31.996 8	1.749 8
1958	96.61	41.47	1.259 0	5.814 3	25.309 5	18.959 6	3.895 6
1959	84.35	32.76	0.861 9	13.152 5	27.629 8	6.152 2	3.814 9
1960	86.29	36.81	0.503 6	5.444 8	33.954 3	4.446 7	5.153 1
1961	89.10	37.91	1.833 5	7.524 5	16.098 7	23.909 5	1.740 4
1962	87.87	38.85	2.472 6	3.562 0	18.951 6	25.476 3	1.652 6
1963	87.71	38.67	2.472 6	3.562 0	15.961 6	25.476 3	1.652 6
1964	86.04	39.94	2.100 0	1.500 0	25.000 0	15.000 0	2.500 0
1965	87.50	38.30	2.144 0	2.482 5	21.139 0	14.327 7	3.116 5
1966	88.60	39.22	1.950 0	1.030 0	37.680 0	4.400 0	4.320 0
1967	87.30	39.26	1.840 4	0.849 7	38.960 0	2.000 0	4.462 0
1968	88.71	39.89	2.200 0	0.700 0	40.000 0	1.000 0	4.500 0
1969	89.27	39.63	2.037 0	0.700 0	41.000 0	0.700 0	5.216 9
1970	89.72	40.91	2.079 3	0.661 0	41.819 7	0.809 6	3.450 8
1971	90.99	42.16	2.183 5	0.309 4	42.179 6	0.956 0	2.664 3
1972	90.50	41.75	2.041 9	0.279 2	43.011 6	0.095 5	3.406 2
1973	90.36	41.13	2.122 7	0.155 3	42.952 6	0.032 0	4.038 6
1974	90.01	40.75	2.255 6	0.086 2	42.645 2	0.014 5	4.268 0

（续）

年份	水稻合计	早稻	中汛稻	单季晚稻	连作晚稻	间作晚稻	秧田晚稻
1975	89.62	40.42	2.295 1	0.118 8	42.383 2	0.012 0	4.387 0
1976	89.78	40.70	2.301 1	0.134 2	42.389 0	0.013 1	4.245 8
1977	89.50	40.44	2.404 4	0.105 2	42.200 5	0.029 7	4.331 7
1978	88.25	39.37	2.380 5	0.292 7	41.787 1	0.031 8	4.410 5
1979	83.25	38.20	2.399 8	0.575 0	37.629 7	0.010 2	4.447 8
1980	81.16	37.07	2.384 1	0.627 5	36.690 3	0.005 7	4.431 8
1981	80.08	36.99	2.449 7	0.418 3	35.736 4	0.005 1	4.507 3
1982	79.00	36.07	2.290 6	0.428 7	35.736 4	0.007 2	4.490 3
1983	81.31	37.09	2.410 8	0.424 0	36.739 6	0.004 1	4.663 8
1984	86.79	39.40	2.498 8	1.012 2	39.047 5		4.915 0
1985	86.79	38.19	2.439 2	0.378 0	37.794 4		4.835 9
1986	82.30	37.60	2.185 4	0.975 6	37.108 6		4.454 2
1987	83.27	37.89	2.425 1	0.840 4	37.549 0		4.566 8

表 1-2　余姚水稻种植制度演变情况（1988—2018）

单位：万亩

年份	水稻合计	早稻	晚稻			
			中汛稻	单季晚稻	连作晚稻	晚稻小计
1988	83.82	38.26	2.13	0.8	42.63	45.56
1989	84.38	38.55	2.41	0.8	42.62	45.83
1990	84.46	38.77	2	0.8	42.89	45.69
1991	84.57	38.76	2	0.8	43.01	45.81
1992	82.96	38.22	2	0.8	41.94	44.74
1993	79.67	36.17	2.17	0.78	40.55	43.5
1994	77.5	35	2.11	0.47	39.92	42.5
1995	79.45	36.15	2.24	0.46	40.6	43.3
1996	79.5	36.2	2.23	0.51	40.56	43.3
1997	79.21	36.05	2.57	0.39	40.2	43.16

（续）

年份	水稻合计	早稻	晚稻			
			中汛稻	单季晚稻	连作晚稻	晚稻小计
1998	77.08	34	2.1	1.61	39.37	43.08
1999	79.3	36.4	2.3	2.07	38.53	42.9
2000	58.43	22.66	1.5	10.6	23.67	35.77
2001	47.93	17.93	1.12	9.98	18.9	30
2002	41.48	14.31	1.1	10.67	15.4	27.17
2003	31.32	8.72	0.95	12.2	9.45	22.6
2004	38.02	12.35	0.98	11.34	13.35	25.67
2005	39.11	13.34	1	11	13.77	25.77
2006	37.77	12.7	0.987 5	10.57	13.51	25.07
2007	36.2	12	0.865	11	12.335	24.2
2008	37.15	12.45	0.66	11.39	12.65	24.7
2009	35.44	11.02	0.71	11.28	12.43	24.42
2010	36.73	11.91	0.62	12.21	12	24.83
2011	33.94	10.41	0.25	11.02	12.26	23.53
2012	33.43	9.87	0.2	13.71	9.65	23.56
2013	32.63	9.37	0.18	13.57	9.51	23.26
2014	30.27	7.41	0.15	14.92	7.79	22.86
2015	29.47	6.29	0.11	16.37	6.7	23.18
2016	29.18	6.3	0.11	16.22	6.55	22.88
2017	29.55	6.5	0.1	16.64	6.31	23.05
2018	26.87	5.08	0.1	16.5	5.19	21.79

第二章
水稻品种

　　中华人民共和国成立初期，余姚水稻品种早稻以早籼503、中稻以露白、晚稻以晚青为主。

　　20世纪50年代中期，开始大量向外引入优良水稻品种，如南特号、陆财号等。

　　60年代，早、晚稻矮秆品种更替高秆品种，突出地解决高秆品种容易倒伏的问题，早稻推广迟熟早籼矮脚南特，更替高秆老品种早籼503、南特号、陆财号等；晚粳农垦58更替老品种新太湖青、老来红等。1964年矮脚南特推广11万亩，1965年农垦58推广23万亩。

　　1973年开始，早稻大面积推广迟熟早籼广陆矮4号，晚稻推广迟熟晚粳农虎6号。1975年，广陆矮4号推广种植26.8万亩，占早稻总面积70%；农虎6号推广22万亩，占晚稻总面积50%。

　　1978—1983年，晚稻生产中较大面积推广具有分蘖优势、根系优势、穗型优势的以汕优6号为主的籼型杂交水稻。1979年汕优6号推广种植面积16.42万亩。但籼型杂交水稻感温性强，作连晚种植受气候影响大，常因热量条件不能满足而表现产量不稳定甚至减产，其后随着秀水系统晚粳高产品种的推广，平原稻区杂交稻面积逐减，至20世纪80年代末余姚仅留山区半山区中汛稻区种植籼型杂交稻。

　　1983年开始，早稻推广种植熟期早、抗性好的中熟早籼品种，并逐步替代迟熟品种，这为连晚提早在立秋前（高产插种时间）插种提供早茬口，为晚稻亩产超400千克，早、晚稻双高产起到承前启后的作用。1983年中熟早籼推广品种主要是原丰早，种植面积

10.28万亩；1985年主要是中熟早籼浙辐802，面积5.47万亩；1986年二九丰，面积16.9万亩；1991年嘉籼758，面积22.5万亩。晚稻全面推广抗稻瘟病、抗白叶枯病、丰产性好、产量高的以秀水48、秀水11为代表的半矮生型晚粳品种，更替嘉湖4号等抗性较差的晚粳品种及籼型杂交稻。1984年推广秀水48面积25.9万亩，占晚稻总面积的60%；1987年开始，秀水11成为连晚主栽品种，1991年推广面积30万亩，占晚稻总面积68%。同时，这一时期水稻米质及花色品种已被重视，20世纪90年代初期，河姆渡镇、马渚镇在晚稻生产中有三年时间、千余亩面积种植以黑米（糯米）为主的有色米品种，黑米曾销往上海、北京等地。

1992年开始，早稻推广中熟、杂交稻（当时的说法，以后的品种产量更高）高产品种嘉育293，连续大面积推广种植10年，其中推广面积最大的1996年种植21.3万亩，1997年种植21.6万亩，占早稻总面积的60%左右。在1996—2005年期间还搭配种植熟期更早的嘉育280。1993年开始连作晚稻推广种植抗白叶枯病、抗稻瘟病、抗倒伏的晚粳宁67，作主栽品种6年，其中推广面积最大的1997年种植23.6万亩，占晚稻总面积55%。1998年开始推广种植甬粳18，先后连续推广种植12年，其中推广面积最大的1999年种植16万亩，占晚稻总面积38%。

1992年，国务院发布《关于发展高产优质高效农业的决定》，余姚市实际上从1997年开始轻简栽培技术推广和2000年开始种植业结构调整，品种也更加丰富。早稻生产上，余姚市从1994年开始引入舟903等优质早籼，1994—1997年属于试种、示范、小面积推广阶段，1998年开始大面积推广嘉育948、嘉早935，推广面积5.50万亩，也是推广面积最大的年份。2000年种植业结构调整，早稻总面积从1999年的36.4万亩骤降到2000年的22.66万亩，优质早籼也随之减少，2000年种植面积为1.91万亩，2001年为0.28万亩，2002年退出历史舞台。晚稻生产上，秀水390是余姚市种植的第一个耐迟播、短秧龄的连晚抛栽品种，1997年示范，1998年扩大种植4.02万亩，1999年达5.8万亩，占连晚抛栽品的 80％以上，虽然推广年份不多、面积不大，但在连晚抛秧生产上发挥了重要作用。1996 年引试的甬粳 18，穗型大，每穗总粒数超过 100 粒，穗型大是甬粳 18 高产的主要因素，超越了当时及以前的水稻品种，1998 年开始快速推广。随后又通过二次控苗育秧技术在抛秧生产上获得成功，更加快了推广速度，2000 年达到 18.0 万亩。后随着种植业结构调整，单季稻面积骤增，也出现了更大穗的品种，但甬粳 18 在连作生产上的地位不可动摇，一直推广至 2009 年，累计推广 129.3 万亩。杂交粳稻甬优 1 号诞生，成为浙江省第一个比对照增产 10％以上的杂交粳稻品种，并且单、双季适用，余姚市 1998 年引入，开启余姚市栽培杂交晚粳稻历史，2000 年全市推广 1.5 万亩，2001 年推广 2.55 万亩。余姚市 1999年引入的秀水 110，其库大源足产量高正契合单季稻种植需要，2000 年示范，2001 年推广 3.0 万亩，2004 年推广面积最大为 6.5万亩，在 2001—2005 年期间成为余姚市单季稻主推品种，同时在连作晚稻上搭配种植，随后被嘉花 1 号、秀水 09 等品种替代。

　　2006—2010 年早稻主要推广种植嘉育 253 超高产中熟早籼品种，年种植面积 8 万亩左右，占早稻总面积 60％～70％，2009 年最高田块面积 1.11 亩，亩产达到 679.8 千克。2006 年晚稻开始推广秀水 09，连续推广种植 5 年，最大种植面积 2009 年达到 8.9 万亩，占平原单季晚稻总面积 80％。

　　进入 2010 年以后，水稻品种进入了超级稻时代。早稻品种以中早 39 为代表，晚稻品种以甬优系列籼粳杂交稻为代表。余姚市2010 年示范中早 39，2011 年余姚市在浙江省率先推广，推广面积达 2.01 万亩；2012 年推广 4.38 万亩，成为余姚市早稻种植面积最大的品种，至目前一直是余姚市早稻种植面积最大的品种，占早稻总面积的 60％以上，2016 年达 76.7％，推广面积最大年份 2013年推广 5.81 万亩。余姚市中早 39 的推广辐射带动了早籼新品种中早 39 在浙江省的推广，两次农业部超级稻认定验收均在余姚市举行，2012 年、2014 年、2016 年、2017 年浙江省早稻现场观摩暨中早 39 示范推广会议也在余姚市现场观摩。余姚市从 2010 年开始推广籼粳杂交晚稻甬优12，2011年推广面积最大为2.74万亩，之后随着高产、熟期又较早的甬优538的出现，面积减少，但一直作为余姚市单季稻主推品种种植。籼粳杂交晚稻甬优538从2014年开始推广，2015年推广3.65万亩，2016年推广4.04万亩，2017年始随着更优质的甬优1540的推广而减少。籼粳杂交晚稻甬优1540既高产又优质，2018年推广1.81万亩，开始成为余姚市籼粳杂交晚稻面积最大的品种。籼粳杂交晚稻的推广，使余姚市晚稻生产涌现了不少亩产900千克的田块。但由于粮食收储等原因，常规晚粳稻仍是余姚市晚稻主要品种。宁88穗大，作机插栽培优于其他常规稻品种，2008年开始推广，2010年起与秀水134一起主导余姚市晚稻生产，尤其在连作稻机插中发挥了重要作用，2008—2018年累计推广76.7万亩。秀水134表现高产、稳产、抗逆性好，非常适合单季直播、连晚抛秧，2010年迅速推广至9.63万亩，成为余姚市推广面积最大的晚稻品种，2010—2012年，与宁88一起主导余姚市晚稻生产，并以秀水134为主；2013年后由于水稻机插面积扩大以及近年抛秧栽培逐步退出生产，秀水134在连作晚稻应用上面积减少，总面积也略少于宁88；2009—2018年累计推广74.1万亩。从2012年开始，长粒优质稻嘉禾218、甬优15因米质优、外观好、食味佳，散户作为口粮种植，大户作为口粮和自销粮搭配种植。

在目前稻米供给侧结构性改革形势下，甬优1540等既高产又优质、甬优15等口味外观俱佳品种面积呈上升趋势，更加优秀的新品种及配套的优质高效高产栽培技术也将不断创新与发展。

第一节　早稻品种

一、常规早籼稻品种

早籼503

选育单位：浙江省稻麦改良场

品种类型：籼型常规水稻

种植推广情况：余姚县 1946 年引入。1946—1957 年推广。1955 年推广面积最大，为 16.0 万亩。一般亩产水平 200 千克。

| 有芒早粳 |

选育单位：浙江省南汇县

品种类型：粳型常规水稻

品种概况：原是上海市川沙县农家品种，1953 年引入浙江，1955 年开始全省扩大试种，主要分布在杭嘉湖平原、宁绍平原和沿海平原肥沃地区，1959 年浙江省推广 20 万公顷，一般每公顷产量 3.8～5.3 吨。

种植推广情况：余姚县 1955 年引入，是作为早稻种植的粳型品种，较早熟。1956—1962 年推广。1959 年推广面积最大，为 8.0 万亩。一般亩产水平 200 千克。

| 南 特 号 |

亲本来源：鄱阳早

选育单位：江西省农业科学院、江西省农业试验场

品种类型：籼型常规水稻

品种概况：是我国双季早稻品种中推广面积大、使用年限长、生产贡献显著的良种，也是新品种选育的重要亲源，系 1934 年原江西省农业试验场从农家品种鄱阳早中选的变异单穗，后经原江西省农业科学院系统选育成的中熟早籼品种。

1947 年推广 40 万亩。20 世纪 50 年代又经江西省邓家埠水稻原种场协作提纯复壮，在江西、福建、安徽、湖南、湖北、浙江、四川、广东、广西等省（自治区）进一步推广。随着双季稻面积的扩大，南特号在南方稻区广泛用作早稻种植，1956 年达 5 000 多万亩，1958—1962 年年推广面积均在 6 000 万亩左右。主要特点是适应性广，产量高，高抗普矮病和黄矮病，中感稻瘟病，苗期耐寒性较差。在江西南昌全生育期 105～115 天，比当地品种增产 13％～34％。对温光反应不敏感。株高 100～130 厘米，茎秆粗硬，根系

发达，叶片较宽，叶色较深，紫鞘、紫叶缘、紫稃尖，分蘖力中等，较耐肥。穗长 20～23 厘米，每穗 80 粒左右，谷粒间有顶芒，较易落粒，结实率 80％～87％，千粒重 26～28 克。谷粒长椭圆形，心腹白大，出糙率 77％～79％，蛋白质含量 9.86％，赖氨酸 0.45％，外观和食味品质中等。

种植推广情况：余姚县 1955 年引入，迟熟。1957—1959 年推广。一般亩产水平 250 千克。

┊ 陆 财 号 ┊

亲本来源：南特号

选育单位：福建省仙游县农民陆财

品种类型：籼型常规水稻

品种概况：陆财号是福建省仙游县农民陆财于 1946 年从南特号中选择变异株育成的。比南特号早熟 2 天，植株略矮，茎秆粗壮，叶挺色深，耐肥性、耐寒性、抗病力有所提高。穗大粒多产量高。1959 年福建省推广 200 万亩。浙江、江苏、江西、广东、广西、安徽、湖南、湖北等省（自治区）也相继广泛引种种植。1963 年浙江推广 359 万亩，1964 年福建推广 239 万亩。1965 年后，南方稻区各省推广面积在 1 000 万亩左右，是继南特号、莲塘早之后大面积推广的主要高秆良种。陆财号在双季早籼北片的湖北、安徽、江苏、浙江和江西北部一带作为迟熟品种；在福建北部、江西南部、湖南中部一带作为早熟品种。双季早籼中片和南片[①]则作为中熟和早中熟品种种植。

陆财号是一个优良的育种亲本，具有良好的配合力。

1957 年引入浙江后，作三熟制早稻种植，浙江省推广 12 年，累计面积约 33 万公顷，一般每公顷产量 6 吨左右。

种植表现：余姚县 1957 年引入，迟熟。比当时其他籼稻抗病，

---

① 全国双季早籼划分成南、中、北三片。南片：广东大部分，海南，台湾；中片：福建中部，江西南部，广东和广西北部。

适应性强,产量高。植株高而粗壮,分蘖力弱,叶宽厚,粒形丰圆,着粒紧密,稃尖柱状紫色。株高 120 厘米,穗长 18~20 厘米,每穗粒数 80~90 粒,结实率 85％左右,千粒重 28 克。出米率76％,腹白中等,米质较好。但黄熟后易落粒。

栽培要点:栽培上注意适时播种,适期收获;既要保持一定施肥水平,又要防止后期倒伏。

推广情况:余姚县 1957 年引入,1959—1965 年推广。推广面积最大年份为 1964 年,推广 4.8 万亩。一般亩产水平 260 千克。

| 莲 塘 早 |

亲本来源:赣农 3425(♀)、南特号(♂)

选育单位:江西省农业科学院水稻研究所

品种类型:籼型常规水稻

品种概况:莲塘早是原江西省农业科学院于 1947 年用赣农3425×南特号,经多次选择,至 1952 年育成,1954 年命名。该品种剑叶直而较宽,株型适中,分蘖力较弱,茎秆粗壮,耐肥抗倒伏,苗期耐寒性差。穗长 16~20 厘米,每穗 70 粒,结实率86.7％,千粒重 23~25 克,粒形椭圆,出糙率 79.1％,精米率72.2％,米粒心腹白小,蛋白质含量 11.47％,赖氨酸含量0.35％,米质优良,食味可口。高抗黄矮病,中抗稻瘟病,中感白叶枯病。在南昌全生育期 94~104 天,比南特号早熟 8~15 天,比南昌五十日早熟 3~5 天,产量比南特低 2.6％~10％,比南昌五十日高 12.7％~22.3％。可翻秋种植,7 月底、8 月初播种,10 月中下旬成熟,一般亩产 200~250 千克。

莲塘早育成推广正值改革耕作制度、发展双季稻之际。因其生长期短,深受双季早籼北片地区的欢迎,是高秆品种中继南特号之后第二个大面积推广的良种。20 世纪 50 年代后期到 60 年代前期,莲塘早在南方稻区年种植面积都在 1 000 万亩以上。其中,1961 年江西推广 300 万亩,1964 年浙江推广 310 万亩。

1957 年引入浙江后,作三熟制早稻种植,浙江省推广 12 年,累计面积约 47 万公顷，一般每公顷 5.7～6 吨。

种植表现：余姚县 1958 年引入，早熟，比陆财号早熟 7～10 天，一般亩产水平 225 千克。高产田块记录：1958 年余姚横河公社农场亩产 389.8 千克，是连作早籼中最早熟的品种。莲塘早茎秆粗壮，苗色淡绿，剑叶短而宽，分蘖力弱，谷壳淡黄，谷粒卵形，稃尖淡褐、无芒，株高 100 厘米，穗长 16 厘米，每穗粒数 50～60 粒，千粒重 25 克左右，结实率高，出米率 76%，米色洁白，腹白小，米质尚好。缺点耐寒力弱。虽然产量比陆财号低，但具早熟特点，作为连作早稻搭配种植，可以调剂农忙季节劳动力紧张，达到全面丰收。

栽培要点：应注意适时播种，防止烂秧，及时收获，避免落粒。

推广情况：余姚县 1958 年引入，1960—1965 年推广，其中 1964 年推广面积最大为 9.0 万亩。一般亩产水平 225 千克。

矮脚南特

亲本来源：南特 16

品种类型：籼型常规水稻

适种地区：江苏、浙江、上海、江西、湖南、湖北、福建、广东、广西

品种概况：矮脚南特是广东省潮阳县金玉公社东仓大队洪春利和洪群英于 1957 年从早籼南特 16 中选择变异的矮秆类型培育而成。全生育期与南特 16 相仿，在粤北一带为 115 天，在长江中下游为 120 天，能够适应双季稻区作早稻栽培，其在双季早籼南片属早熟品种，北片属迟熟品种。株高 70～80 厘米，节间短，茎秆粗，穗型大，每穗 70～80 粒，千粒重 26～27 克，叶鞘和稃尖均为紫色，叶片短而偏薄，后期易早衰，不抗稻瘟病，易感白叶枯病，耐肥抗倒伏，分蘖力强，有效穗多，产量高。在广东省潮阳县一般亩产 350～400 千克，比南特 16 增产 31.6%；在长江中下游一般亩产 400 千克，比南特 16、陆财号、江南 1224 等品种增产 30%～35%。矮

脚南特的推广为改变耕作制度、扩大双季稻面积和改进高产栽培技术提供了有利条件，从而开创了双季早籼生产的新水平。20世纪50年代末和60年代初，矮脚南特被广泛地引种到江苏、浙江、上海、江西、湖南、湖北、福建、广西等省（自治区、直辖市）。60年代中期推广面积5 000万亩。其中1965年浙江663.1万亩，广东89万亩，江苏112万亩；1966年湖南341万亩。矮脚南特不仅是当时的主栽品种，而且也是开展矮化育种初期的杰出矮源。

种植表现： 浙江省1959年引入试种，余姚县1962年引入试种。品种特性表现为迟熟、矮秆。矮脚南特茎秆矮壮，叶色浓绿，分蘖多而散生，茎秆基部紫红色，节间短而紧密，剑叶阔而角度小，穗颈短，成熟时稻穗下垂叶间。株高70厘米左右，穗长20厘米左右，每穗粒数70～90粒，结实率85％～92％。稃尖柱头紫色，谷壳淡黄色，粒大、椭圆形，千粒重26～27克，腹白小，米质较好。熟期较迟，一般亩产水平300～400千克。熟期迟，比陆财号迟熟2～3天。耐肥抗倒伏，需肥量较陆财号增多1/3，抗风耐涝，但不抗旱，易感染白叶枯病，黄熟后较易落粒。

栽培要点： 选择水利条件好的肥田种植，基肥要施足，追肥要早。适时播种，培育壮秧。一般在清明左右播种，每亩秧田用种量60～75千克，要施足秧田基肥。合理密植，采用行株距20厘米×10厘米，每丛插秧4～5本为宜。生育后期排水不宜过早，并且适时收割。注意防治病虫害，尤其分蘖至乳熟期，易受病虫害危害，应根据病虫情报及时防治。

推广情况： 余姚县1962年3月引进试种早稻矮脚南特矮秆新品种。早稻矮脚南特号矮秆抗倒伏，增产潜力大，一般亩产300～400千克，比其他早籼品种增产30％～50％。为加速繁育矮脚南特，1963年余姚县推广种植早稻4 153亩，其中城北占3 500亩。为了加快推广，1964年7月早稻收割前余姚县委书记亲自组织带领各乡（镇）领导和部门负责人及部分农技干部赴嵊县上八洋参观早稻矮脚南特号高产现场，大大加快了推广速度。余姚县1964年种植面积达到 11 万亩，1965 年达到 28 万亩，占早稻总面积 71.2%，早稻平均亩产 337 千克，比 1964 年早稻亩产 192 千克，增产 43.2%。矮脚南特的推广在余姚水稻从低产到高产的稻作发展史上发挥了重要作用。

二九青

亲本来源：二九矮 7 号（♀）、青小金早（♂）

选育单位：浙江省农业科学院作物与核技术利用研究所

完成人：闵绍楷

品种类型：籼型常规水稻

适种地区：长江流域连作早稻区

认定情况：1983 年浙江认定（编号：浙品认字第 001 号）

品种概况：当时曾从广东引入矮脚南特品种到长江流域中下游各省进行早稻种植。该品种虽然可提高产量，但生育期偏迟，当时浙江等省正在大力推广"大小麦（油菜）—连作稻"的新三熟制，复种指数高，生产季节紧，前后作矛盾突出，迫切需要比矮脚南特早熟的早籼矮秆高产良种。二九青正是在此育种背景及目标下，由浙江省农业科学院育成的早熟矮秆高产良种。二九青系以二九矮 7 号×青小金早，于 1969 年育成，具有早熟而植株较高、穗型较大的特点，生长清秀，中抗稻瘟病，亩产 350 千克，高的可达 400 千克以上。适应性广，南方稻区各省均可按地域、季节条件种植，推广速度快，面积大。1973 年浙江推广 254.2 万亩，1976 年江苏推广 315.6 万亩，1977 年湖南、湖北推广 450.3 万亩，20 世纪 70 年代以来二九青始终是南方稻区的早熟早籼当家品种，每年推广面积都在 1 000 万亩以上。二九青获 1978 年全国科学大会奖。

种植表现：余姚县 1970 年引入。亩产 320～350 千克，熟期比矮脚南特早 10 天左右。一般绿肥田 4 月初播种，7 月 20 日左右成熟，全生育期 105～110 天；作早熟春花田早稻全生育期 90～95 天；作迟熟春花田早稻全生育期 80～85 天。株高 67 厘米左右，每穗粒数 64 粒左右，千粒重 23.8 克左右。稃尖黄色，粒形椭圆，谷壳较薄，米质较好，出米率 72% 以上。株型紧凑，分蘖偏弱，叶片较大，叶色较深，茎秆较细，耐肥力中等。据浙江省农业科学院植保所稻瘟病鉴定，穗颈瘟发病率为 48.5%～85.0%，损失率为 20.7%～35.8%。

栽培要点：作绿肥田早稻 4 月 5 日左右播种，每亩秧田播种量 250 千克左右，小苗带土移栽；作早熟春花田早稻 4 月 13～15 日播种；作迟熟春花田早稻 5 月 10～15 日播种。绿肥田种植一般亩插 3 万丛左右，基本苗 25 万左右；春花田早稻插 3 万～4 万丛，基本苗 30 万左右。二九青感温性强，迟熟春花田种植的，用短秧龄带土移栽，既有利于避免插后早穗，又有利于减少秧田面积。绿肥田早稻的总施肥量以 2 吨左右为宜，基肥用量应占总施肥量的 80% 左右，基肥加第一次追肥的用量要达到 90% 以上。注意合理利用草籽，鲜草产量高的，可割出一部分。春花田早稻的总施肥量以 1.75～2 吨为宜，因生育期更短，更需抓紧施重肥攻头。需要在分蘖末期施用稻脚青来防治纹枯病，在破肚至齐穗期施用稻瘟净防治稻瘟病。

推广情况：余姚县 1970 年引入。1971 年开始推广，作为余姚县早熟早籼当家品种种植，推广面积最大年份为 1972 年，推广种植 7.0 万亩。一般亩产水平 320～350 千克。

广陆矮 4 号

亲本来源：广场矮 3784（♀）、陆财号（♂）

选育单位：广东省农业科学院水稻研究所

品种类型：籼型常规水稻

适种地区：安徽、湖北、湖南、江苏、江西、上海、浙江

品种概况：早籼广陆矮 4 号是广东省农业科学院用广场矮 3784 与陆财号进行杂交育成的。

种植表现：余姚县 1971 年引入试种、示范，1972 年在早稻生产中，这个品种在不少大队已作为当家品种种植，大部分社队扩大

示范，加速繁殖，定为 1973 年的当家品种。生长清秀整齐，耐肥抗倒伏，谷粒饱满，结实率高，成熟一致，稳产高产。株高 71～74 厘米，穗长 16～17 厘米，穗总粒数 65～75 粒，瘪谷率为 15％左右，粒较圆，金黄色，谷壳较厚，千粒重 24 克左右，出米率 70％左右。株型紧凑，茎秆粗实，顶叶短挺，叶色浓绿。实践证明，广陆矮 4 号是一个稳产高产良种，一般比矮脚南特增产一成左右，随着种植面积的扩大，使早稻单位面积产量提高到一个新的水平，出现了早稻一季亩产超过 400 千克的高产队、450 千克的丰产畈、500 千克的高产田。1975 年全县种植面积达约 26.8 万亩，并一直推广种植至 1989 年，一般亩产水平 400～450 千克，但缺点是熟期迟、有矮缩病和稻瘟病发生。

栽培要点：播种时间，作绿肥田早稻 4 月 5 日左右播种；作三熟制移栽，应根据前作定播种时间，原则是控制秧龄 30～35 天。播种量，小苗带土移栽，绿肥田早稻以每亩不超过 200～250 千克、春花田早稻每亩不超过 150 千克为宜。秧田基肥以少留或不留绿肥为宜，增施磷、钾肥，早施断奶肥，适施苗肥，重施起身肥。插种密度 20 万～25 万基本苗/亩。一般需施标准肥绿肥田早稻 2.5～2.75 吨/亩，春花田早稻 2.25～2.5 吨/亩。一般基肥、分蘖肥占 90％，穗肥占 10％。广陆矮 4 号叶色浓绿，易遭稻飞虱、螟虫危害，亦有矮缩病和稻瘟病发生，因此，要及时加强病虫害的防治工作。在水浆管理上，前期要浅灌勤灌，促进早发棵；分蘖末期要适时搁田，搁田后保持浅水灌溉。该品种叶片短阔，叶面蒸腾量大，后期不能断水过早，否则会引起早衰，谷粒不饱。要适时收割，防止割青。

广陆矮 4 号不仅是早稻良种，而且也是晚稻良种，表现稳产高产，余姚县平原地区一般以 7 月 12～14 日（陈种）播种，秧龄 12～15 天，7 月底前移栽为宜，这样 9 月 20 日前能够齐穗，10 月底可以成熟。大家认为作连晚栽培的好处有：①可以不需留专用秧田；②可以避开二代稻飞虱的高峰期，减少矮缩病危害；③成熟早，有利秋收冬种。

推广情况： 余姚县 1971 年引入试种、示范，1972 年在早稻生产中，这个品种在不少大队已作当家品种种植，大部分社队扩大示范，加速繁殖，定为 1973 年的当家品种。1975 年余姚县种植面积达约 26.8 万亩，并一直推广种植至 1989 年，是余姚县历史上一个重要的早籼稻品种。

原丰早

亲本来源： IR8

选育单位： 浙江省农业科学院作物与核技术利用研究所

完成人： 王汀华、王贤裕、孙漱芗、宋永贵

品种类型： 籼型常规水稻

适种地区： 长江中下游连作早稻地区

认定情况： 1983 年浙江认定（编号：浙品认字第 003 号）

品种概况： 原丰早是浙江省农业科学院作物与核技术利用研究所利用原子能辐射引变的方法于 1973 年选育而成的一个早熟偏迟、中熟偏早的早籼品种。产量与广陆矮 4 号接近；作二熟制早稻栽培，熟期比广陆矮 4 号早 6～7 天，作三熟制早稻栽培，熟期比广陆矮 4 号早 4～5 天；平均株高 74 厘米，穗长 17.2 厘米，每穗总粒数 83.0 粒、实粒数 66.6 粒、结实率 80.2%，千粒重 22.6 克。

种植表现： 余姚县 1974 年引进，表现熟期早，秧龄弹性大。对温度反应迟钝，无论绿肥田、春花田早稻还是翻秋种植，生育期较稳定。茬口适应性广，既可作二熟制早稻栽培，还可作三熟制早稻栽培，而且早、晚两季可兼用。一般亩产 375 千克。

栽培要点： 绿肥田 4 月 5 日左右播种，作三熟制移栽，应根据前作定播种时间，秧龄 30～35 天。播种量，每亩 60～75 千克，本田用种量不超过 10 千克。少本插保大穗，密植争多穗，一般亩插 4 万～5 万丛，绿肥田每丛插 4 本左右，春花田每丛插 4～5 本，基本苗 20 万。原丰早比广陆矮 4 号省肥，一般每亩施标准肥 2.5～3.0 吨。在施用方法上要基肥足，追肥早（插秧后 7～10 天），后

期酌补穗肥。原丰早对稻瘟病的抵抗力较弱，在施肥水平高的地区和老病区要注意防治。

推广情况： 余姚县 1974 年引进，1976—1984 年推广，推广面积最大年份 1983 年推广 10.28 万亩。

青秆黄

亲本来源：广陆矮 4 号（♀）、龙革 16（♂）
选育单位：浙江省农业科学院作物与核技术利用研究所
完成人：闵绍楷
品种类型：籼型常规水稻
适种地区：长江中下游连作早稻地区
认定情况：1983 年浙江认定（编号：浙品认字第 007 号）

品种概况： 青秆黄是浙江省农业科学院用广陆矮 4 号与龙革 16 杂交选育而成的迟熟早籼品种。1977 年参加浙江省早籼良种区域试验，27 个点平均亩产 422.1 千克，比广陆矮 4 号增产 6.0%。1978 年继续参加浙江省早籼良种区域试验，27 个点平均亩产 463.8 千克，比广陆矮 4 号增产 4.1%；9 个大区对比，平均亩产 441.05 千克，比广陆矮 4 号增产 11.5%。青秆黄株型紧凑，叶片狭长，色浅挺立，叶片与茎的角度略大于广陆矮 4 号。一般株高 78 厘米，穗长 17 厘米，每穗 7～8 个枝梗，总粒数 75 粒，每穗实粒数 65 粒左右，比广陆矮 4 号略多 10 粒；结实率 85% 左右；千粒重 22～23 克，比广陆矮 4 号低 3 克；颖壳、稃尖秆黄色；谷粒长 7.57 毫米、宽 3.18 毫米、厚 2.24 毫米，呈椭圆形；顶尖间有顶芒，谷壳薄。全生育期比广陆矮 4 号短 1～2 天。

种植表现： 余姚县 1979 年引入，一般亩产水平 400 千克。青秆黄熟期比广陆矮 4 号早 1～2 天，谷粒较小，青秆黄对施肥要求较不严格，施肥不足，可以有一定的产量；肥料充足，生长健壮，可获高产。

栽培要点： 适当稀播育秧，与广陆矮 4 号同等重量的种子，总粒数要多一成，因此，本田用种量可相应减少。青秆黄出苗整齐，秧苗生长速度比广陆矮 4 号快，秧苗较易拥挤。因此，在播种育秧时，要特别注意稀播一些。每亩播种量 50 千克左右。在缩小插秧株行距、每亩插足 4 万～5 万丛的前提下，每亩 20 万基本苗为适当。一般每亩施标准肥 3 吨。此外，加强田间管理，及早耘田，补好缺苗，做好灌溉排水工作，适时搁田烤田，不能断水过早，做好 防病治虫工作，特别是有稻瘟病发生的地区，应注意防治穗瘟。

推广情况：余姚县 1979 年引入，1981—1991 年推广，推广最大年份是 1984 年，推广面积 9.6 万亩。

浙辐 802

亲本来源：四梅 2 号

选育单位：浙江农业大学原子核农学研究所；浙江省余杭县农业科学研究所

品种类型：籼型常规水稻

适种地区：安徽、湖北、湖南、江苏、江西、上海、浙江

审定情况：1984 年浙江审定（编号：浙品审字第 021 号）

品种概况：浙江农业大学与余杭县农业科学研究所用$^{60}Co\gamma$射线 7.74 万库仑/千克辐射处理四梅 2 号干种子，于 1980 年育成。全生育期 108 天，株高 80 厘米，株型较松散，叶阔而挺，分蘖力弱，后期转色好。有效穗 28 万/亩，穗长 18 厘米，每穗粒数 80 粒，千粒重 24 克。较抗稻瘟病、纹枯病。稻米品质较好。平均单产 453 千克/亩。农谚云：早熟不高产，高产不早熟。浙辐 802 实现了高产早熟结合，它比当时全国播种面积最大、产量最高的二九青增产 50 千克/亩，单产单季最高可达 600 千克/亩。据农业部种子站 1995 年公布的全国水稻农作物主要品种推广资料统计，早熟、高产、适应性广的早籼浙辐 802 水稻品种，1986—1994 年，连续 9 年居全国常规水稻品种之首，实现了"九连冠"。

种植表现：余姚县 1982 年引入。浙辐 802 穗大粒多，产量高，且熟期早。比二九青迟 1～2 天，较原丰早早熟 2～3 天。浙辐 802

秧龄弹性较大，适应性广，绿肥田、春花田均可种植，作早熟春花田早稻种植更为突出。抗稻瘟病力较强。余姚县种植一般产量水平375千克。

栽培要点：浙辐802属大穗多粒类型，同时又是一个偏早熟类型，栽培上必须使其发挥大穗优势，争取早发，搭好苗架。二熟制早稻秧田每亩播种量为60千克，早三熟制早稻为50千克/亩，秧龄宜在30～33天，本田规格16.7厘米×10厘米，每丛插4～5根，每亩20万基本苗左右。氮肥用量每亩10千克纯氮，或标准肥2～2.25吨，配施磷、钾肥。以基肥为主，追肥宜早，一哄而起。防止施肥过多、过迟而造成倒伏。浙辐802抗稻瘟病力虽较强，但要加强对纹枯病、稻瘟病、白叶枯病等的防治。浙辐802较易落粒，必须黄谷达到85％左右时，适期收割，收割脱粒要轻割轻放。

推广情况：余姚县1982年引入，1983—1992年推广，推广面积最大年份1985年推广5.5万亩。

二九丰

亲本来源：IR29（♀）、原丰早（♂）
选育单位：浙江省嘉兴市郊区农业科学研究所
品种类型：籼型常规水稻
适种地区：浙江北部、湖南、安徽、江西等省

品种来源：二九丰是嘉兴市郊区农业科学研究所1980年育成的早籼中熟新品种。1975年秋用对稻瘟病和白叶枯病具有较强抗性的IR29作母本和丰产性较好的原丰早作父本杂交选育而成。

产量表现：1983年、1984年两年参加省早稻品种区域试验，亩产分别为367.8千克和434.85千克，比对照品种原丰早分别增产11.3％和12.4％，均达极显著水准。

特征特性：二九丰前期叶片狭长稍披，叶色深绿，遇冷叶尖易出现褐色焦点；中后期叶片宽长，叶色转淡绿，剑叶挺举，灌浆中后期稻穗逐渐下沉，成熟时呈叶下穗。茎秆粗壮，具有韧性，株高

80 厘米左右，略高于原丰早，但由于穗层较低，田间穗部自然高度则比原丰早稍矮。穗型较长，一般穗长为 18～19 厘米，着粒中密，每穗总粒数为 85～90 粒，实粒数 70 粒左右，常年结实率为80％左右，千粒重 23.5 克左右。谷粒椭圆形，颖壳稃尖秆黄色，无芒。出糙率 79％左右，米粒腹白较大，食味较好。二九丰的缺点是育秧期间及移栽至大田前期，耐寒性较弱，特别在作绿肥田二熟制栽培时，遇冷空气侵袭，比原丰早等品种易烂秧死苗。在大田生长过程中，如遇低温，尤其在田间无水的情况下，叶片会产生褐色斑点，形似赤枯病，严重时叶片发黄变色，造成生长迟缓、分蘖减少而影响产量。

1983 年浙江省多地早稻严重发生穗颈瘟，尤以中熟品种原丰早最为严重，造成大面积早稻减产。二九丰则表现清秀抗病，增产显著。1984 年经浙江省农作物品种审定委员会审定，列为推广品种，1984 年浙江省种植面积达 15.19 万亩，自 1984 年起该品种在浙江省和周边省的推广面积迅速扩大，成为浙江省种植面积最大的早稻当家品种，1986 年、1987 年全国每年的种植面积超过了1 000 万亩。

种植表现：余姚县 1983 年引入试种，在 15 个单位调查二九丰31.67 亩，平均亩产 439.05 千克，比原丰早亩产 367.6 千克增产19.4％，余姚县江中乡钱家漕村科技户钱良方绿肥田种植二九丰2.81 亩，平均亩产达 566 千克。

栽培要点：二九丰苗期耐寒性较差，育秧较为困难。如作绿肥田早稻，播种不宜过早，一般应在 4 月初播种，采用地膜覆盖育秧，于 4 月底到 5 月初移栽。作三熟制栽培时，如在 5 月 20 日前插秧的早三熟制田，可在 4 月 15 日左右播种，秧龄控制在 35 天以内，此时气温尚低，播种后最好仍采用薄膜或地膜覆盖，以提高出苗率和成秧率；如在 5 月 20～25 日移栽的中三熟制田、秧龄可掌握在 30～35 天，一般于 4 月 20 日左右播种，移栽时主茎叶龄控制在 5～5.5 叶，如作油菜田迟三熟制栽种时，秧龄则宜掌握在 30 天左右，于 4 月底播种，主茎叶龄不超过 6 叶。秧田增施磷、钾肥，促进壮秧、增强抗寒力，施肥方式以秧板面施后耥入泥中效果最好。播种量绿肥田 75 千克，大麦茬三熟制种植 60 千克左右，中迟三熟制则每亩降至 40～50 千克。大田移栽以亩插 4 万丛，每丛 5 本，20 万左右基本苗较为适宜。施肥方法上必须施足基肥，早施追肥，促使早发，缺磷少钾的地方要配施磷、钾肥。但二九丰后期长势旺盛，植株高大，施肥过多、过迟，易引起倒伏。大麦茬二九丰每亩总用肥量控制在猪栏肥 1 吨左右，氮素化肥折碳酸氢铵 50～60 千克较适宜。基苗肥用量占总用肥量的 80%～90%，追肥中配施钾肥。加强水浆管理，注意治螟，严防后期断水过早。二九丰移栽后要进行深水护苗，以利活棵，但深水护苗期宜短不宜长。冷空气侵袭时，可用深水满灌的办法来提高土温，保护根系不受影响，但切忌长期满灌。二九丰叶片宽长，后期单株功能叶片面积大，对缺水反应较为敏感，齐穗期、乳熟期不可断水过早。据观察，如在乳熟期严重缺水，会使弱势粒中止灌浆而增加秕谷粒。后期断水过早，剑叶早枯，植株早衰，严重时出现失水青枯现象。因此，从齐穗到成熟，要持续保持干干湿湿。另外，由于二九丰叶片较宽，易遭受大螟及二化螟的危害，要注意防治。

推广情况：余姚市 1983 年引入试种，1984—1992 年推广，推广面积最大年份 1986 年推广 16.9 万亩，累计推广 110.8 万亩。

嘉籼 758

亲本来源：汤泉早/IR26（♀）、二九丰（♂）

选育单位：嘉兴市郊区农业科学研究所

完成人：来乐春

品种类型：籼型常规水稻

品种概况：1991 年成为浙江省早籼主栽品种。种植面积 153.95 万亩，仅次于二九丰（216.91 万亩）。

种植表现：余姚市 1988 年引入。据 1990—1992 年 3 年品比试验资料，平均亩产 487.8 千克，株高 71.5 厘米，穗长 18.8 厘米，亩有效穗数 29.7 万，每穗总粒数、实粒数、结实率分别为 87.8

粒、72.2 粒、82.2％，千粒重 23.4 克。4 月 3～14 日播种，7 月 18～24 日成熟，全生育期平均 107.1 天。

栽培要点：适期播种。该品种在余姚市栽培一般播种期：绿肥田 4 月 5 日左右（如采用以中代早的则可在 4 月初播种），薄膜覆盖；三熟制田 4 月 15 日左右播种。秧龄 30 天左右。根据秧龄秧田播种量每亩 40～50 千克，本田亩用种量 5 千克。足丛增苗。要求落田苗 12 万左右，在 16.7 厘米×16.7 厘米的规格下，每丛插 5 苗左右。合理施肥。嘉籼 758 生育期较短，肥料施用以早为宜。基肥占 50％，其中，苗肥 30％、穗肥 20％，总用肥量控制在 2.75 吨左右标准肥，其中有机肥占 25％，配施磷、钾肥。科学水浆管理，注意防病。水浆管理上，前期多次轻搁，长根促蘖，后期防断水过早。在稻瘟病重的地区应注意适时防病。

推广情况：余姚市 1988 年引入，通过几年的示范推广，表现出早熟、高产、优质、多抗的特点，成为接替二九丰的良种。1988—1997 年累计推广 103.6 万亩，其中 1992 年推广面积最大为 23.7 万亩。大田亩产量 420 千克左右。

嘉籼 758 在余姚推广情况

单位：万亩

项目	年 份										小计
	1988	1989	1990	1991	1992	1993	1994	1995	1996	1997	
面积	0.9	5.0	16.2	22.5	23.7	14.5	10.6	7.0	2.3	0.9	103.6

嘉育 293（88 - 293）

亲本来源：浙辐 802/科庆 47//二九丰////早丰 6 号/水原 287（♀）、HA79317 - 7（♂）

选育单位：嘉兴市农业科学研究所

完成人：杨尧城

品种类型：籼型常规水稻

审定情况：1993 年浙江审定（编号：浙品审字第 095 号）

产量表现： 1991 年嘉育 293 在浙江省早籼品种区试中，平均亩产 479.96 千克，比二九丰增产 9.83%，达极显著水平。对参试的浙江省市（地）、县级 10 组区试统计，平均亩产 476.43 千克，比二九丰增产 10.05%。湖州、绍兴、宁波、杭州、台州、衢州、舟山、金华等市（地）区试，均以嘉育 293 产量居首位。宁波市生产试验，亩产 459.36 千克，比二九丰增产 9.32%，居生产试验产量之首。1992 年嘉育 293 在浙江省早籼品种区试中，平均亩产 519.33 千克，比二九丰增产 9.7%，达极显著水平。生产试验平均亩产为 433.6 千克，比二九丰增产 13.36%。

特征特性： 全生育期 112.2 天，与二九丰相仿。苗期抗寒力强，株型紧凑，叶片长而挺，茎秆粗壮，生长旺盛，耐肥抗倒伏，后期青秆黄熟；株高 76.8 厘米，有效穗 396.2 万穗/公顷，每穗粒数 111.4 粒，每穗实粒数 90.0 粒，千粒重 23.7 克；抗穗瘟病 5.95 级，最高 9 级，抗白叶枯病 3.85 级，抗稻飞虱 5 级，抗白背飞虱 3 级；精米粒率 72.3%，整精米粒率 54.6%，籽粒长/宽 2.2，垩白粒率 98%，垩白度 20.9%，糊化温度（碱消值）5.45 级，胶稠度 37 毫米，直链淀粉含量 25.5%。平均单产 7.52 吨/公顷，适于浙江、江西、安徽南部等地作早稻种植。

嘉育 293 经浙江省多点试种和大面积推广应用，表现高产、稳产、适应性广，产量水平比同熟期主栽品种二九丰有新的突破，抗病性与二九丰相似，抗白背飞虱，外观米质优于二九丰。宁波、嘉兴、绍兴、湖州、杭州等市和浙江省品种审定委员会水稻组于 1991—1992 年相继通过品种考查，浙江省品种审定委员会于 1993 年 4 月一致通过对该品种的审定。1991 年浙江省种植 12.48 万亩，1992 年浙江省种植面积猛增到 74.2 万亩，1993 年在浙江省早稻种植面积比上年减少 245 万亩的情况下，嘉育 293 的种植面积却比上年翻一番，达 150.81 万亩，占浙江省中熟早籼面积的 18.22%，成为浙江省新一代中熟早籼主栽品种。

种植表现： 余姚市 1991 年引入试种，443.41 亩嘉育 293 平均单产 466.1 千克，比嘉籼 758 增产 11.4%，比二九丰增产 13.8%。

其中城北乡 118.8 亩市府丰产方平均亩产 511.4 千克，比嘉籼 758 增产 18.2%。马清镇朱来灿户 1.32 亩，亩产达 636.4 千克。

栽培要点：嘉育 293 是大穗型品种，培育适龄带蘖粗壮秧是充分发挥其大穗优势的基础。作三熟制早稻栽培，每亩秧田播种量 40～50 千克，大田用种量 5 千克左右，秧龄控制在 35 天以内。播种后可用地膜覆盖至二叶期。各茬口秧苗移栽时的最高叶龄在 6.5 叶内。嘉育 293 株型紧凑，株高适中，有利于群体的通风透光，因此，该品种更适合足丛密植。一般三熟茬亩插 3.5 万～4.0 万丛，每丛 4～5 本。嘉育 293 比二九丰、嘉籼 758 耐肥抗倒伏，整个生育阶段需肥量较多，尤其是后期吸肥量更强。嘉育 293 作三熟制早稻栽培，一般每亩总用肥量以 2.75～3 吨为宜，其中 25% 为有机肥，同时配施磷、钾肥。氮化肥施用应以"前促、中稳、后补"的原则，基肥占 50%，苗肥 30%，穗肥（保花肥）20%。水浆管理上着重抓适时露田、多次轻搁、长根促蘖，提高分蘖成穗率。后期防断水过早，应保持湿润灌溉，保证穗基部籽粒充实饱满。嘉育 293 的主茎与分蘖穗之间成熟时间差比二九丰稍大，应防止割青损失，并注意纹枯病、螟虫等的防治。稻瘟病重病区还应注意适时防病。

1997 年开始抛秧栽培方法在生产上应用，嘉育 293 是余姚市早稻抛秧首选品种。栽培要点如下：

①做秧板。秧板按宽 1.7 米，沟宽 0.2 米起沟整平，同时施足基肥，一般每亩秧田基施面施碳酸氢铵 15～20 千克，过磷酸钙 25 千克，氯化钾 10 千克。每亩秧田放置抛秧盘 2 500 盘左右（长 60 厘米，宽 33 厘米，每盘 561 孔的标准塑盘）。

②播种。亩用种量 5 千克左右，亩用秧盘 80 盘左右。4 月初浸种，浸种时加 50 毫克/千克烯效唑。4 月 5 日前抢晴播种，亩播种量 130 千克，可采用浸种不催芽盲谷播种。播种后每亩秧田盘面喷施 17.2% 幼禾葆 200 克，做好化学除草。然后地膜搭架保温育秧，根据气候情况及时揭膜。在抛秧前 4 天左右，每亩秧田用 4 千克尿素对水 200 千克，配成 2% 浓度，用浇水壶施好起身肥。

③抛秧。一般在 4 月底、4 叶期抛栽。要求秧苗营养土要干燥，宜于落秧、运秧、抛秧；大田田平、泥糊，现耙现抛，无水抛秧，抛后根际入泥深，立苗比例高。一般每亩抛秧 80 盘左右，每亩 3.5 万丛左右，12 万～13 万基本苗。

④其他管理参照手插。

推广情况：余姚市 1991 年引入试种，1992 年迅速推广 5.14 万亩，同年余姚市罗渡村毛济高户 1.2 亩，亩产达 624 千克。以后推广面积逐年递增，至 1997 年最高达 21.6 万亩，以后逐年减少，一直推广种植至 2004 年。推广时间长达 14 年，累计推广 147.28 万亩。大田亩产量 450～500 千克。

嘉育 293 在余姚推广情况

单位：万亩

项目	年 份														小计
	1991	1992	1993	1994	1995	1996	1997	1998	1999	2000	2001	2002	2003	2004	
面积	0.04	5.14	11.3	16.5	19.4	21.3	21.6	17.3	16.5	8.7	5.0	2.7	1.3	0.5	147.28

嘉育 280

亲本来源：嘉育 293（♀）、ZK787（♂）

选育单位：嘉兴市农业科学研究院

完成人：杨尧城

品种类型：籼型常规水稻

适种地区：浙江中北部

审定情况：1996 年浙江审定（编号：浙品审字第 137 号）

品种来源：嘉育 280 是嘉兴市农业科学研究院以嘉育 293 为母本、以 ZK787 为父本杂交选育而成，1990 年定型。

产量表现：1991 年参加嘉兴市鉴定试验，亩产 468.8 千克，比对照嘉籼 758 增产 11.22%，达极显著水平。1992 年参加省联品试验，亩产 496.08 千克，比对照二九丰增产 8.28%，达显著水平。1993 年和 1994 年参加省早籼中熟组区试，平均亩产分别为

381.81千克和441.6千克，比对照浙852增产5.3％和13.4％，其中1994年增产达极显著水平。1995年省生产试验平均亩产412.08千克，比浙852增产11.99％。全生育期108天左右，比浙852约长1天。该品种株型紧凑，青秆黄熟，米质中等，感稻瘟病。1996年通过审定，适宜在浙江中部和浙江北部稻瘟病轻的稻区种植，嘉育280也适宜作轻型栽培。

特征特性： 嘉育280熟期比嘉育293早，与浙852、二九丰相仿，在1993年和1994年两年省区试中，全生育期为107.5天，比对照浙852长1.2天。该品种年度间生育期稳定，受气候条件影响较小，秧龄弹性大。嘉育280植株形态似嘉育293，株型紧凑，叶片挺直，叶色偏深绿。株高75厘米左右，比浙852高3～5厘米。茎秆粗壮，耐肥抗倒伏，分蘖力中等，比嘉育293稍强，每亩有效穗数28万左右，成穗率一般在75％以上。穗型较大，每穗总粒数可达95粒以上，比浙852高30.2％，每穗实粒数可达75～80粒，比浙852高25.4％，结实率80％左右。千粒重24.5～25克，与浙852相仿，比嘉育293高0.5～1.0克，出糙率80.8％，谷粒长椭圆形，无芒，长宽比2：4。嘉育280苗期抗寒性强，移栽后起发快，后期青秆黄熟。对稻瘟病抗性与嘉育293相仿，比浙852差，对白叶枯病、褐飞虱的抗性比浙852强。嘉育280米质属中等偏优。1992—1994年三年米质分析结果平均评分为43分，明显优于浙852（米质评分37分）。

种植表现： 余姚市1993年引入，经多年品试、生试、示范，表现产量高、成熟早、米质优、抗逆性强的优点。产量高。余姚市1993—1995年品种试验，亩产分别为494.8千克、469.2千克、430.5千克，比对照嘉籼758分别增产5.1％、4.4％、10.2％，与嘉育293接近；1994大田示范60多亩，平均亩产为464.3千克，比嘉籼758增产12.4％；1995年低塘镇克山村118亩示范方，平均亩产456千克。熟期早。据1993—1996年全育期记载平均108.2天，比嘉籼758长0.5天，比嘉育293短2.4天，属中熟偏早品种。这对争取连晚插种季节，争取全年增产十分有利。抗逆性强。嘉育280耐寒性强，插后起发快，耐肥抗倒性好，后期转色好，稻瘟病除沿山田块零星发现外，平原稻区基本未发现。米质好。嘉育280出米率70%～71%，比嘉育293高1%～2%；米粒的外观也好，煮成的米饭柔软可口，适合余姚市民食用早籼米的习惯。当时，嘉育280米质居浙江省常规早籼品种首位。穗粒结构上，分蘖力比嘉籼758弱，穗型比嘉籼758大。平均每穗总粒数、实粒数为104.8粒、96.2粒，比嘉籼758分别增7.3粒和5.5粒。

栽培要点：适期播种。根据前几年种植情况，该品种在余姚市栽培一般播种期，绿肥田4月5日左右（如采用以中代早的则可在4月初播种），薄膜覆盖，三熟制田4月15日左右插种。秧龄30天左右。亩用种量5千克。足丛增苗。要求落田苗12万左右，在16.7厘米×16.7厘米的规格下，每丛插5苗左右。作早稻抛秧栽培，亩用种量5千克，4月5日前播种，亩用秧盘80盘左右。合理施肥。嘉育280虽然耐肥较好，但因生育期较短，肥料施用以早为宜。基肥占50%，苗肥30%，穗肥20%，总用肥量控制在27.5吨左右标准肥，可比嘉育293少一些。其中有机肥占25%，配施磷、钾肥。科学水浆管理，注意防病。水浆管理上，前期多次轻搁，长根促蘖，后期防断水过早。在稻瘟病重的地区应注意适时防病。

推广情况：余姚市1993年引入，1994年大田示范，1995年扩大种植，其中在低塘镇克山村建立118亩百亩示范方，因为示范方连片示范面积大、生长表现好，浙江省嘉育280品种审定会议在余姚市召开。示范结果，百亩方平均亩产456千克。为浙江省的推广奠定了坚实基础。1996年余姚市推广6.9万亩，一直推广至2009年，推广面积最大年份为1999年推广11.6万亩，累计推广78.81万亩。

嘉育280在余姚推广情况

单位：万亩

项目	年 份															小计
	1995	1996	1997	1998	1999	2000	2001	2002	2003	2004	2005	2006	2007	2008	2009	
面积	0.77	6.9	8.8	8.1	11.6	8.7	3.5	6.5	4.4	6.2	7.5	4.2	0.5	0.7	0.44	78.81

嘉育 143（G96 - 143）

亲本来源： 嘉育 293（♀）、Z94 - 207（♂）

选育单位： 浙江省嘉兴市农业科学院

品种类型： 籼型常规水稻

审定情况： 2003 年浙江审定（编号：浙审稻 2003003）

选育单位： 嘉兴市农业科学院，1997 年育成。

产量表现： 1997 年、1998 年两年嘉兴市区试，平均亩产分别为 447.3 千克、431.1 千克，比对照嘉早 05 分别增产 8.75％、增产 6.73％，分别达极显著和显著水平，两年平均比对照增产 7.74％。两年平均全生育期 102.5 天，比对照嘉早 05 长 4 天。2001 年生产试验亩产 506 千克，比对照嘉育 293 增产 11.92％。

特征特性： 该品种生育期适中，茎秆粗壮，分蘖力中等，耐肥抗倒伏，穗型较大，千粒重高，米质中等，直链淀粉含量较高，丰产性好，稻瘟病抗性略优于嘉育 293。两年嘉兴市区试，平均有效穗数 24.8 万，每穗总粒数 90.35 粒，结实率 79.65％，千粒重 26.3 克。据浙江省农业科学研究院植保所病虫鉴定结果：中感稻瘟病、感白叶枯病、感细菌性条斑病、感白背飞虱、感褐稻虱。据农业部稻米及制品质量监督检验测试中心分析：精米率、碱消值和蛋白质含量三项指标达到部颁优质米一级标准；糙米率、整精米率、粒长和胶稠度 4 项指标达到部颁优质米二级标准。

适宜种植区域： 适宜在浙江全省稻区种植，生产上注意防治稻瘟病。

种植表现： 余姚市 1998 年引入试种，2000 年起搭配种植，2006 年为余姚市早稻主栽品种。主要特点：抗倒性更强，抗病性好，后期青秆黄熟。亩有效穗数 22 万左右，每穗总粒数 110 粒，结实率 85％，千粒重 25 克左右，一般亩产 450 千克，高的可达 500 千克以上。米质、成熟期与嘉育 280 相仿。缺点：分蘖较弱、穗数少，因此在基本苗数不足的情况下，增产不突出（手插栽培尤为明显）。

栽培要点：适宜于绿肥田、三熟制田早稻栽培。可作为抛秧、直播首选品种，也可作手插栽培。亩用种量手插 5 千克，直播、抛秧 5～6 千克。绿肥田栽培 4 月 5 日左右播种，三熟制田直播宜在 4 月 15 日左右。秧龄手插 30～35 天，抛秧 25 天左右。该品种分蘖较弱，应适当增插基本苗，手插每丛 5～6 本，抛秧每亩 85 盘左右（561 孔抛秧盘）。肥料施用以早为宜，基肥占 50%，苗肥 30%，穗肥 20%，每亩总用肥量控制在 2.75 吨左右标准肥，可比嘉育 293 少一些。其中有机肥占 25%，配施磷、钾肥。科学水浆管理，注意防病。水浆管理上，前期多次轻搁，长根促蘖，后期防断水过早。在稻瘟病重的地区应注意适时防病。

推广情况：余姚市 1998 年引入，2000—2009 年推广，推广面积最大年份 2006 年推广 6.3 万亩，累计推广 25.88 万亩。

嘉育 143 在余姚推广情况

单位：万亩

项目	年 份										小计
---	2000	2001	2002	2003	2004	2005	2006	2007	2008	2009	---
面积	1.3	1.0	1.4	1.28	4.4	4.2	6.3	2.6	2.0	1.4	25.88

嘉育 253（G00-253）

亲本来源：G96-28-1（♀）、G96-143（♂）

选育单位：嘉兴市农业科学研究院

品种类型：籼型常规水稻

适种地区：江西、湖南、湖北、安徽、浙江的稻瘟病、白叶枯病轻发的双季稻区作早稻种植

审定情况：2005 年浙江审定（编号：浙审稻 2005024）

产量表现：嘉育 253 经 2003 年浙江省早稻区试，平均亩产 505.3 千克，比对照嘉育 293 增产 8.5%，达显著水平；2004 年浙江省早稻区试，平均亩产 495.6 千克，比对照嘉育 293 增产 8.1%，达极显著水平。两年平均亩产 500.5 千克，比对照增产

8.3%。2005年浙江省生产试验平均亩产505.7千克，比对照嘉育293增产5.9%。

特征特性：该品种两年浙江省区试平均全生育期107.1天，比对照长1.3天；平均亩有效穗数20.8万，成穗率74.9%，株高84.3厘米，穗长17.8厘米，每穗总粒数141.2粒，实粒数106.2粒，结实率75.2%，千粒重26.0克。据浙江省农业科学院2003—2004年抗性鉴定结果，平均叶瘟1.5级，平均穗瘟2.9级，穗瘟损失率6.2%，白叶枯病7.0级。据农业部稻米及制品质量监督检测中心2003—2004年米质检测结果，平均整精米率43.7%，长宽比2.2，垩白粒率96.3%，垩白度32.9%，透明度3.0级，胶稠度80.3毫米，直链淀粉含量26.3%。

审定意见：该品种属中熟早籼，穗型大，着粒密，千粒重高，丰产性好，株型紧凑，叶色深绿，叶片长而挺，茎秆粗壮，耐肥抗倒伏，后期转色好。中抗稻瘟病，感白叶枯病。直链淀粉含量较高，适合作加工用粮。适宜在浙江省作早稻种植。

种植表现：余姚市2003年引入，2003—2005年连续三年品比试验、生产试验和示范，每亩平均产量均比嘉育280、嘉育143增产10%以上；大田实产统计比嘉育143增产12%。嘉育253是继嘉育293之后新一代早稻超高产品种，丰产性、抗逆性、综合性状表现突出，深受广大农民喜爱，在余姚市推广迅速。嘉育253的推广，一是促进了余姚市早稻单产的提高。例如，2007年浙江省种子总站组织验收，68.4公顷嘉育253抛秧示范方，平均产量539.6千克/亩，717米² 高产攻关田单产为550.6千克/亩；2008年经余姚市农林局组织浙江省内有关专家实产验收，20.8公顷抛秧嘉育253每亩平均产量541.27千克，152公顷高产攻关田产量603.8千克；2009年最高田块面积1.11亩，亩产达到679.8千克。二是促进了早稻机插技术的推广。嘉育253具有植株相对较高、穗大、粒多、粒重的特点，用于机插栽培十分适宜。据示范，每亩产量比原早稻品种嘉育280、嘉育143增产50千克以上。机插嘉育253技术的推广，改变了余姚市早稻生产机插面积停留在小面积示范的局面。嘉育 253 在余姚市种植表现为：苗期耐寒性强，株型比较紧凑，茎秆粗壮，分蘖力中等；株高 81.5 厘米左右；每亩有效穗数 22 万；手插每穗总粒数 135 粒，实粒数 100 粒；抛秧、直播、机插每穗总粒数 110～125 粒，实粒数 90～105 粒；千粒重 26 克左右；高抗稻瘟病，中抗白叶枯病。余姚市 4 月 5 日前后播种，一般可在 7 月 25 日前成熟。主要缺点是该品种植株相对较高，而且穗大粒重，作抛秧栽培，如施氮肥过量或穗数过多，灌浆后期遇大风雨有倒伏的危险。

栽培要点：可作为机插和手插栽培的首选品种。作抛秧栽培，一定要控制氮肥用量和施肥时间及每亩穗数，防止后期倒伏。根据嘉育 253 耐寒性较好的特点，手插、机插、抛秧的播种期可提前至 4 月初，盲籽播种还可适当提前。直播栽培 4 月 15 日左右，亩用种量 5 千克左右。播种量手插栽培亩秧田播种量 40～50 千克，抛秧亩播抛秧盘 90 张左右。秧龄手插 30～35 天，机插 20 天左右，抛秧 25 天左右。直播田一定要做到板面平整，沟沟相通，落籽均匀。嘉育 253 株型相对较高，穗大粒多，因此需肥量也略高于余姚市当时栽培的其他品种。根据高产田块统计，一般施肥量：基肥碳酸氢铵 40 千克、磷肥 25 千克，追肥尿素 10～15 千克、氯化钾 10 千克。追肥以早为宜，追肥次数应根据插（抛）栽时间而定，若插（抛）栽时间早，则营养时间相对较长，可分两次施用；若插（抛）栽时间迟，则营养生长期缩短，以一次性追肥为宜，同时适当减少肥料用量。

推广情况：2005—2013 年余姚市累计推广嘉育 253 面积 54.38 万亩，推广面积最大年份 2008 年推广 11.6 万亩。

嘉育 253 在余姚推广情况

单位：万亩

项目	年　份									小计
	2005	2006	2007	2008	2009	2010	2011	2012	2013	
面积	1.1	3.1	9.61	11.6	8.3	8.1	6.2	4.35	2.02	54.38

甬籼 15 （甬籼 05 - 15）

亲本来源： 嘉育 293//鉴 8/杭 931 （♀）、嘉育 143 （♂）

选育单位： 宁波市农业科学研究院、舟山市农业科学研究所

完成人： 金林灿、施贤波、吴国泉、朱家骝、陈国、叶朝辉

品种类型： 籼型常规水稻

适种地区： 浙江、江西

审定情况： 2008 年浙江审定 （编号：浙审稻 2008024）、2018 年浙江审定 （编号：浙审稻 2018004）

审定情况： 该品种 2008 年通过浙江省审定，适宜在宁波地区种植。2018 年浙江省扩区审定，适宜在浙江省作早稻种植。2018 年通过江西省审定，适宜上饶市、南昌市、宜春市、抚州市、九江市、鹰潭市、新余市、景德镇市稻瘟病轻发区种植。以下产量表现、特征特性、审定意见等为 2018 年浙江省审定资料。

产量表现： 该单位自行组织的 2016 年浙江省多点扩区试验平均亩产 466.8 千克，比对照中早 39 减产 3.7%；2017 年试验平均亩产 484.3 千克，比对照中早 39 减产 2.7%。两年多点试验平均亩产 475.6 千克，比对照中早 39 减产 3.2%。

特征特性： 该品种株型紧凑，属半矮生型，叶片较挺，叶色淡绿，灌浆快，着粒偏稀，青秆黄熟，谷粒圆。2006—2007 年两年区试平均全生育期 107.9 天，比对照短 2.8 天；平均亩有效穗数 23.3 万，成穗率 78.7%，株高 75.1 厘米，穗长 17.5 厘米，每穗总粒数 100.0 粒，实粒数 89.5 粒，结实率 89.5%，千粒重 25.4 克。

品质与抗性： 经浙江省农业科学院植物保护与微生物研究所 2017 年抗性鉴定，穗瘟损失率 3 级，综合指数 4.8，为中感；白叶枯病 6.5 级，为感。经农业部稻米及制品质量监督检测中心 2017 年检测，平均整精米率 62.2%，长宽比 2.2，垩白粒率 87.0%，垩白度 14.9%，透明度 3 级，胶稠度 82 毫米，直链淀粉含量 24.5%，米质综合指标为食用稻品种品质部颁普通等级。

栽培技术要点：插足基本苗，控制氮肥用量，注意防止倒伏。

审定意见：该品种属早熟常规早籼稻，田间生长整齐一致，株高适中，长势繁茂，分蘖力中等，后期青秆黄熟，转色好，谷色黄亮。中感稻瘟病，感白叶枯病。适宜在浙江省作早稻种植。

种植表现：余姚市 2007 年作为省级展示点抛秧栽培展示 3 亩，平均亩产 453 千克，比大田其他品种略增。2008 年，余姚市种植的审定品种考察示范方（抛秧），平均亩产 439 千克；大田示范 3 户，面积 105 亩，平均单产 432 千克，同当年的大田生产水平基本相仿。其他如田间长相、抗倒伏性等性状一般，但该品种最大的优势是早熟，一般比嘉育 253 早 5～7 天，有利于早稻提前收割，缓和夏季双抢季节劳动力紧张的矛盾，提高连晚单产和全年种粮效益。余姚市 2009 年推广，以后稳定在 1 万多亩作为早稻早熟搭配品种。随着宁波农业科学院不断的提纯复壮，2016 年以后，该品种表现越来越好，株型长相越来越清秀、抗倒性不断提高，推广面积亦呈上升趋势。余姚市引入推广前期，移栽方式 4 月初播种，7 月 20 日前成熟，直播栽培 4 月 15 日左右播种，7 月 22 日左右成熟；目前随着气温升高、育秧条件不断改善，一般机插 3 月 25～31 日播种，7 月 15 日左右成熟；直播 4 月 10 日左右播种，7 月 20 日前成熟。甬籼 15 苗期耐寒，起发快，植株稍矮，茎秆较粗壮。中抗稻瘟病，易感白叶枯病。引进推广前阶段纹枯病相对较重，目前纹枯病也轻，表现清秀。一般亩产 450 千克左右，高产田块 500 千克以上。穗粒结构等性状，据 2016—2018 年浙江省早稻展示余姚试点 3 年数据，平均株高 85.3 厘米，每亩有效穗数 24.4 万，总粒数 109.0 粒，实粒数 95.7 粒，结实率 87.8%，千粒重 25.5 克，亩产 598.3 千克。

栽培要点：引入及推广前期，即 2010 年前后，提倡作直播、抛秧栽培，也可手插栽培和机插栽培。2014 年后早稻基本无手插，至 2018 年抛秧也很少采用，目前以直播和机插为主。下面分别介绍推广前期和目前的主要栽培要点，从中可以看出栽培技术随时代的变化。

（1）推广前期。

①播种期。抛秧、手插和机插栽培盲籽在 3 月底，芽谷播种 4

月 5 日左右，直播栽培 4 月 15 日左右。

②适当增加用种量。由于该品种分蘖力较弱，亩用种 5～6 千克，亩秧盘抛秧 100 张，机插 35 张以上。

③适龄移栽。秧龄手插 30～35 天，抛秧 25～30 天，机插 20 天左右。

④移栽密度。手插 16.7 厘米×16.7 厘米，亩插 2.4 万丛；机插 30 厘米×12 厘米，亩插 1.8 万丛左右。

⑤科学施肥。甬籼 15 生育期短，应掌握重施基肥，早施追肥。一般亩施基肥碳酸氢铵 40 千克、过磷酸钙 25 千克；追肥直播田 3 叶期施断奶肥，亩施尿素、氯化钾各 4 千克；促蘖肥直播 5～6 叶期或移栽后 7～10 天亩施尿素 10 千克、氯化钾 5 千克；以后根据苗色、气候酌情施肥。

⑥及时搁田。前期薄水勤露促蘖，分蘖高峰前适时多次实田、搁田、促根、壮苗、健秆，后期湿润灌溉、潮田割稻。

⑦防好病虫。用二硫氰基甲烷（浸种灵）浸种，用 25% 吡蚜酮或 70% 吡虫啉防治稻飞虱，用 20% 氯虫苯甲酰胺（康宽）10 毫升或 40% 氯虫·噻虫嗪（福戈）8 克/亩或 78% 杀虫安（精虫杀手）50～70 克防治螟虫，用 10% 井冈霉素 150 毫升或 30% 苯甲·丙环唑（爱苗）20 毫升防治纹枯病。

（2）推广后期。

①播种期。机插栽培盲籽在 3 月 25～31 日播种；直播 4 月 10 日左右芽谷播种。

②用种量。亩用种 5 千克左右，7 寸[①]盘亩播折合干种子 110 克左右。

③适龄移栽。机插秧龄 20 天左右。

④移栽密度。机插 25 厘米×14 厘米，亩插 1.9 万丛左右。

⑤科学施肥。甬籼 15 生育期短，应掌握重施基肥，早施追肥。一般基肥亩施复合肥或水稻专用配方肥（23-12-5）25 千克，插后

---

①　寸为非法定计量单位，1 寸≈3.33 厘米。——编者注

7～10 天亩施尿素 10 千克，再过 10 天左右施尿素 5 千克左右。直播田追肥 3 叶期施断奶肥，亩施尿素、氯化钾各 4 千克，5～6 叶期亩施尿素 10 千克、氯化钾 5 千克；以后根据苗色、气候酌情施肥。

⑥及时搁田。前期薄水勤露促蘖，分蘖高峰前适时多次实田、搁田，促根、壮苗、健秆，后期湿润灌溉、潮田割稻。

⑦防好病虫。用 25％氰烯菌酯浸种，10％阿维·甲虫肼悬浮剂或 34％乙多·甲氧虫悬浮剂防螟虫，32.5％苯甲·嘧菌酯或 48％苯甲·嘧菌酯或 24％噻呋酰胺防纹枯病。

推广情况：余姚市 2009 年推广，以后稳定在 1 万多亩作为早稻早熟搭配品种。随着宁波农业科学院不断提纯复壮，2016 年以后，该品种表现越来越好，株型长相越来越清秀、抗倒伏性不断提高。2017 年、2018 年种植面积进一步增加。2009—2018 年累计推广 13.68 万亩。推广面积最大年份 2018 年推广 2.31 万亩。

甬籼 15 在余姚推广情况

单位：万亩

项目	年 份										小计
	2009	2010	2011	2012	2013	2014	2015	2016	2017	2018	
面积	0.2	1.1	1.26	1.14	1.54	1.15	1.47	1.27	2.24	2.31	13.68

中早 39

亲本来源：嘉育 253（♀）、中组 3 号（♂）

选育单位：中国水稻研究所

完成人：李西明、杨长登、马良勇、季芝娟

品种类型：籼型常规水稻

适种地区：江西、湖南、湖北、浙江及安徽长江以南白叶枯病轻发区的双季稻区

审定情况：2009 年浙江审定（编号：浙审稻 2009039）

产量表现：中早 39 经 2008 年浙江省早籼稻区试，平均亩产 474.5 千克，比对照嘉育 293 增产 8.3％，达极显著水平；2009 年

浙江省早籼稻区试，平均亩产 500.7 千克，比对照嘉育 293 增产 4.9%，达显著水平；两年浙江省区试平均亩产 487.6 千克，比对照增产 6.5%。2009 年浙江省生产试验平均亩产 510.2 千克，比对照嘉育 293 增产 3.9%。

特征特性：该品种穗层整齐，株高适中，茎秆粗壮，叶片挺，着粒较密。叶鞘、叶缘及稃尖均呈紫色，谷粒短圆，颖尖无芒。两年区试平均全生育期 109.7 天，比对照长 0.5 天。亩有效穗数 20.0 万，成穗率 70.5%，株高 87.1 厘米，穗长 17.0 厘米，每穗总粒数 123.5 粒，实粒数 112.8 粒，结实率 91.2%，千粒重 26.1 克。经浙江省农业科学院植物保护与微生物研究所 2008—2009 年两年抗性鉴定，平均叶瘟 0 级，穗瘟 0.8 级，穗瘟损失率 1%；白叶枯病 9 级。经农业部稻米及制品质量监督检测中心 2008—2009 年检测，平均整精米率 65.3%，长宽比 1.9，垩白粒率 100%，垩白度 24.0%，透明度 3 级，胶稠度 39 毫米，直链淀粉含量 25.4%，米质各项指标达到食用稻品种品质部颁 5 等。

栽培注意要点：做好种子消毒，预防恶苗病。

审定意见：中早 39 属中熟早籼。株高适中，分蘖力中等，耐肥抗倒，结实率高，后期熟相好。丰产性好。抗稻瘟病，高感白叶枯病。适宜在浙江省作早稻种植。

种植表现：余姚市作为浙江省早稻区试、生产试验点，早稻品种审定考察审查现场，国家级水稻新品种展示示范基地，浙江省"0406 计划"新品种展示示范基地，2008 年进行中早 39 品种区试；2009 年进行区试、生试、展示、品种审定考察审查现场示范，由于中早 39 表现突出，并于当年保留展示田种子为翌年示范作准备；2010 年在余姚市牟山镇青港村国家级早稻示范区示范 1 026 亩，建立全省第一个中早 39 千亩示范方。2010 年浙江省农业厅组织专家验收，百亩示范方平均每亩产量 607.1 千克，最高田块每亩产量达到 659.1 千克。2011 年、2012 年连续两年"中早 39 超级稻确认"实产验收均在余姚进行，百亩示范片平均亩产达 659.4 千克，最高田块亩产 696.4 千克和 629.7 千克、642.7 千克。中早 39 具有嘉育 253 的高产水平，同时改进了嘉育 253 熟期偏迟、抗倒性一般的缺点，在余姚市迅速推广。

种植特性：

①产量高而稳。试种及推广前期产量上面已叙述，2017 年中国水稻所组织专家对中早 39 示范方进行实割测产，实割 3 块田平均亩产 654.1 千克，最高田块 685 千克。

②结实率高。历年结实均在 90% 左右，如 2009—2012 年 4 年手插试验平均结实率 93.2%；而当时一般早稻品种结实率在 80% 左右，在结实率上获得重大突破。2013—2018 年浙江省早稻展示示范余姚试点结实率均在 90% 以上，全市大田种植结实率也同样很好。

③抗倒伏性强。如 2012 年早稻生产后期遇大风雨，其他品种如甬籼 15 机插田块也有倒伏，而中早 39 牟山示范方抛秧田块还直立，而试验田旁农户的嘉育 253 不论抛秧还是直播均倒伏。2014 年 7 月 5 日下午，余姚市姚西北的牟山、黄家埠、临山出现短时强降水、雷雨大风和冰雹天气，造成部分水稻倒伏，黄家埠最为严重。牟山倒伏主要为直播甬籼 15；临山倒伏为甬籼 15 和直播中早 39，甬籼 15 机插的也有倒伏，中早 39 倒伏后立起，但甬籼 15 不能立起。2015 年台风后，在浙江省的早稻展示中，只有温 814 未倒、陵两优 0 516 倾斜，中早 39 也倾斜，其他品种抗倒性均比中早 39 差。同时，中早 39 纹枯病抗性好。

④熟期适中。余姚市一般 3 月底播种，7 月 20 日左右成熟。

⑤根系活力强。收割后，稻桩再生力强，而其他品种无此现象。

⑥叶片功能强。成熟时仍保持 2 张左右绿叶，为近 10 年来区试及展示田中至收获时叶色最好的品种。

⑦谷粒饱满，灌浆快，上下灌浆一致。

栽培要点：推广前期余姚市作抛秧、直播、机插栽培，现抛秧面积很小，以机插、直播栽培为主。

（1）推广前期。

①播种期和用种量。抛秧栽培：盲籽播种的宜在 3 月底、芽谷在 4 月初播种。直播宜催大芽播种，播种期 4 月 15 日左右，抢冷

尾暖头播种。亩用种量抛秧 5.5 千克；直播 5 千克；机插 5.5 千克左右。浸种时务必做好种子消毒，预防恶苗病。

②肥料施用。肥料施用以早为宜。一般亩施基肥：过磷酸钙 25 千克、碳酸氢铵 40 千克，或复合肥 30 千克。追肥：抛秧、机插栽培的活棵后亩追施尿素、氯化钾各 10 千克，5 月底 6 月初看苗酌情补施穗、粒肥（尿素 5 千克左右）；直播田在二叶期秧板上水后亩施尿素、氯化钾各 5 千克左右，隔 15 天左右亩施尿素 10 千克、氯化钾 5 千克左右，以后看苗酌施。亩氮肥用量掌握纯氮 13.5 千克左右。

③水浆管理。抛秧机插：薄水抛秧（如抛秧后遇大雨，应排干田水，以防止秧苗随水漂流），浅水机插，适水护苗，活棵、施肥后自然落水实田，扎根促蘖。直播：二叶期后秧板上水，以后结合施肥后干湿相间。不论是抛秧还是直播，待亩总苗数 25 万左右开始排水搁田。由于余姚市早稻孕穗、抽穗期正处于梅雨期，因而大多数年份以排水降湿为主，以减轻纹枯病等病害。但出梅早、温度高的年份，孕穗、抽穗期务必保持水层，如在扬花结实期连续遇到 36℃ 以上的高温天气，最好白天灌深水降温，晚上排水透气。灌浆期干干湿湿，收获前 5 天左右断水。

④病虫害防治。用 25% 咪鲜胺（使百克）浸种，用 70% 吡虫啉（火电）4 克/亩防飞虱，用 20% 氯虫苯甲酰胺（康宽）10 毫升/亩或 10% 阿维·氟酰胺（稻腾）30 毫升/亩、20% 氟虫双酰胺（垄歌）10 克/亩防治螟虫，10% 井冈霉素 200 毫升或 5% 己唑醇 75 毫升防治纹枯病。

（2）推广后期。

①播种期和用种量。机插栽培：盲籽播种 3 月 25 日左右。直播宜催大芽播种，播种期 4 月 10 日左右，抢冷尾暖头播种。亩用种量直播 5 千克，机插 5 千克左右。浸种时务必做好种子消毒，预防恶苗病。

②肥料施用。一般亩施基肥复合肥或水稻专用配方肥（23－12－5）25～30 千克；插后 7～10 天亩施尿素 10 千克；再过 10 天左右亩施尿素 5 千克左右。直播田在二叶期秧板上水后亩施尿素、氯化

钾各 5 千克左右，隔 15 天左右亩施尿素 10 千克、氯化钾 5 千克左右，以后看苗酌施。亩氮肥用量掌握纯氮 13.5 千克左右。

③水浆管理同推广前期。

④病虫害防治。用 25％氰烯菌酯浸种，10％阿维·甲虫肼悬浮剂或 34％乙多·甲氧虫悬浮剂防螟虫，32.5％苯甲·嘧菌酯或 48％苯甲·嘧菌酯、24％噻呋酰胺防纹枯病。

推广情况：中早 39 具有嘉育 253 的高产水平，同时改进了嘉育 253 熟期偏迟、抗倒伏性一般的缺点，在余姚市迅速推广，2011 年余姚市在全省率先推广，推广面积达 2.01 万亩；2012 年推广 4.38 万亩，一举成为余姚市早稻种植面积最大的品种，至目前一直是余姚市早稻种植面积最大的品种。2010—2018 年累计推广 34.97 万亩，推广面积最大年份 2013 年推广 5.81 万亩。余姚市中早 39 的推广辐射带动了早籼新品种中早 39 在浙江省的推广。两次超级稻认定验收均在余姚市举行。2012 年、2014 年、2016 年、2017 年浙江省早稻现场观摩会暨中早 39 示范推广会议均在余姚市现场观摩。

中早 39 在余姚推广情况

单位：万亩

项目	年　份									小计
	2010	2011	2012	2013	2014	2015	2016	2017	2018	
面积	0.1	2.01	4.38	5.81	5.5	4.01	4.83	4.1	4.23	34.97

二、优质早籼稻品种

1989 年、1990 年粮食连续两年增产，1990 年达到 44 624.3 万吨，比 1988 年增产 5 216.2 万吨，导致 1990 年城乡集市贸易大米成交价格从年初的每千克 1.49 元下跌到年底的 1.20 元，1991 年再次出现以南方早籼稻为主的"卖粮难"现象。1992 年，国务院发布《关于发展高产优质高效农业的决定》，明确提出要把扩大优质产品生产放在突出地位；农业部举办首届中国农业博览会，展示和推广农业科研新成果、新技术及名特优新产品。

随着农村产业结构的调整，农村的耕作制度、种植方式、经营规模已出现多样化趋势。生产上迫切需要优质、高效，适合轻型栽培的早稻品种。以红突 31 为代表的优质早籼品种的育成，标志着浙江省早籼品质优化的开始。但由于红突 31 熟期较迟、产量一般等原因，未能大面积推广，到 1988 年，浙江省仅种植 800 公顷。1992 年，以舟 903 为代表的一批优质早籼品种育成，标志着浙江省优质早籼生产进入新高潮。经多年试种、示范，于 1994 年通过浙江省品种审定，并分别于 1992 年和 1995 年被评为全国优质农产品奖和第二届全国优质农产品博览会银奖，成为浙江省优质早籼主栽品种，至 1996 年，累计推广 2.6×10^5 公顷。其他迟熟优质早籼如浙农 8010、中丝 2 号也分别累计推广 7.18×10^4 公顷和 1.15×10^4 公顷，成为浙江省第一代优质早籼品种。

1994 年立项、1995 年启动的"9410 工程"，标志着浙江省食用优质早籼育种进入全面实施阶段。以嘉育 948、嘉早 935 为代表的浙江省新一代优质早籼品种与舟 903 相比，突出表现在熟期、形态类型和产量水平上有新的突破和发展。育种工作者通过有效的育种途径，育成了符合目标的优质与高产相统一的早籼品种。

余姚市 1994 年开始引入舟 903，1994—1997 年属于试种、示范、小面积推广阶段，1998 年开始大面积推广嘉育 948、嘉早 935，推广面积 5.50 万亩，也是推广面积最大的年份。1999 年推广 4.27 万亩。2000 年种植业结构调整，早稻总面积从 1999 年的 36.4 万亩骤降到 2000 年的 22.66 万亩，优质早籼也随之减少，2000 年种植面积为 1.91 万亩，2001 年为 0.28 万亩，2002 年退出历史舞台。

早籼优质稻在余姚推广情况

单位：万亩

项目	年　份					小计
	1997	1998	1999	2000	2001	
面积	0.19	5.50	4.27	1.91	0.28	12.15

舟 903

亲本来源：红突 80（♀）、电 412（♂）

选育单位：浙江省舟山市农业科学研究所

品种类型：籼型常规水稻

适种地区：浙江、安徽、湖北省稻瘟病、白叶枯病轻发区作双季早稻种植

审定情况：1994 年浙江审定（编号：浙品审字第 106 号）

稻谷品质：经中国水稻研究所 1991—1994 年 4 次分析，主要品质达到部颁优质米标准，糙米率为 80.7%～81%，精米率为 73.5%，整精米率为 47.3%，透明度 1 级，垩白度为 5.9%～9.2%，长宽比为 3.4，直链淀粉为 16.4%～17.1%，胶稠度 66～86 毫米，糊化温度 6.6～7 级，米饭柔软，适口性好。

产量表现：一般亩产 400 千克左右，高的可达亩产 450 千克。大面积种植，表现稳产高产。

特征特性：全生育期 108 天，属中熟类型。株高 83 厘米左右，株型紧束，叶片挺直，分蘖力较强，较耐肥抗倒，生长整齐清秀，后期青秆黄熟。有效穗多，每穗 85 粒左右，结实率 82.10%，千粒重 26 克，谷粒细长。对稻瘟病抗性一般。在浙江省种植，在稻瘟病地区有轻度的穗颈瘟。

栽培要点：一般宜在 3 月底至 4 月播种，亩秧田播种量不超过 35 千克。行株距 19.8 厘米×13.2 厘米或 19.8 厘米×16.5 厘米，每蔸 5～6 根，每亩基本苗 10 万～12 万。施足基肥，及早追肥，增施磷、钾肥。注意勤灌、浅灌，适时晒田，控制无效分蘖，生育后期不宜断水过早。注意稻瘟病、纹枯病的综合防治。

种植表现：舟 903 是当时浙江省优质早籼主栽品种，余姚市 1994 年、1995 年引入试种，米质优。但由于 1996 年、1997 年相继引入既优质又高产的嘉育 948、嘉早 935，舟 903 在余姚市种植面积不大。

嘉育 948 （G94 - 48、嘉早 948）

亲本来源：YD4 - 4（♀）、嘉育 293 - T8（♂）

选育单位：嘉兴市农业科学研究院

品种类型：籼型常规水稻

适种地区：湖北、安徽、浙江的金华、杭州，江西的中北部及湖南的益阳、湘潭地区稻瘟病和白叶枯病轻发区

审定情况：1998 年浙江审定（编号：浙品审字第 170 号）

产量表现：在 1995 年和 1996 年杭州市早稻区试中，平均每亩产量为 367.0 千克和 356.0 千克，比对照浙 852 分别增产 3.53% 和 4.71%，比对照舟 903 分别增产 7.15% 和减产 0.7%；1996 年生产试验平均每亩产量 311.0 千克，比舟 903 增产 3.15%。

特征特性：全生育期两年区试平均为 107.3 天，与浙 852 相仿，比舟 903 短 2.7 天。该品种表现优质、高产、熟期中熟偏早，比较好种，苗期耐寒性中等，耐肥中等，抗倒性较好，后期青秆黄熟。中抗稻瘟病、白叶枯病，米质优于舟 903。1997 年据中国水稻所米质测定，糙米率 80.9%，精米率 73.2%，整精米率 49.6%，籽粒长宽比 2.8，垩白率 14%，垩白度 0.8%，透明度 3 级，糊化温度 4.3，胶稠度 77 毫米，直链淀粉含量 12.9%，主要指标均达部颁优质米二级米以上标准。

种植表现：1996 年余姚市品试平均亩产 457.5 千克，大田单产 480.0 千克，比高产早籼品种嘉育 293 仅减少 4% 左右。1997 年全市 7 个示范方平均亩产 480.6 千克，其中余姚镇治山方、牟山镇胡家方单产超 530.0 千克，治山 3.45 亩高产田单产达 627.0 千克。1998 年余姚市推广 3.97 万亩，平均亩产 436.4 千克，比嘉育 293 减 3.79%，比嘉育 280 增产 0.25%，在优质优价政策下，比嘉育 293、嘉育 280 每亩增效 11.5 元、36.9 元。嘉育 948 为中熟偏早，据 1996 年、1997 年两年品比试验，全生育期 109.8 天，比嘉育 293 短 1.2 天。嘉育 948 分蘖力强，穗型中等。据 1996 年、1997 年品比试验，亩有效穗数 32.96 万，比嘉育 293 多 2.63 万穗。平

均每穗总粒数、实粒数、结实率、千粒重分别为 99.68 粒、81.03粒、81.29%、21.2 克。穗型、谷粒比嘉育 293 小。嘉育 948 苗期耐寒性好，不易烂秧，成秧率高。稻瘟病、白叶枯病抗性好。但抗倒伏性一般，如密植程度偏高、后期肥力足的抛秧田块有倒伏现象。经宁波市、余姚市优质米品尝鉴定会议品评，食味名列前茅。

栽培要点： 嘉育 948 谷粒较小，千粒重低，而分蘖力强，因而可适当减少用种量。一般亩用种量 4～5 千克，亩播种量不超过 40千克。4 月初播种，秧龄控制在 30 天左右。移栽叶龄控制在 5.2叶左右。作抛秧栽培的清明前后播种，秧龄控制在 20～25 天。嘉育 948 虽然分蘖力强，但据遗传通径分析表明有效穗数对产量影响大，因此少本密植，增加落田苗数，有利于高产。一般手插田块亩插 2.5 万～3.0 万丛，12 万～14 万落田苗，最高苗控制在 40 万以内，争取 30 万有效穗。嘉育 948 耐肥抗倒性比嘉育 293 差，总用肥量宜控制在每亩纯氮 10.5 千克左右。采取施足基肥（有机肥加磷肥）、早施足施苗肥、配施磷钾肥促早发，后期看苗情补肥以壮穗。但抛秧田块施保花肥应谨慎，以防倒伏。移栽后及时灌水护苗，前期薄水灌溉，结合间隙露田，促进早生分蘖；达至足穗苗数后及时开沟搁田，达到控蘖壮秆；后期湿润灌溉，养根保叶防早衰。

嘉早 935（Z95 - 35）

亲本来源： Z91 - 105（♀）、优 905/嘉育 293//Z91 - 43（♂）
选育单位： 浙江省嘉兴市农业科学研究所
品种类型： 籼型常规水稻
适种地区： 浙江、江西、湖南、湖北、安徽稻瘟病轻病区作双季早稻种植
审定情况： 1999 年浙江审定（编号：浙品审字第 183 号）

产量表现： 1997 年、1998 年浙江省早稻区试，平均每亩产量分别为 466.5 千克和 401.5 千克。比对照二九丰和浙 852 分别增产9.5%和 1.9%。1996 年生产试验平均每亩产量 434.1 千克，比对照减产 0.4%。

特征特性：全生育期109天。分蘖力中等，耐肥抗倒。中抗稻瘟病。1997年据浙江省农业科学院植物所鉴定，嘉早935叶瘟和穗瘟平均等级分别为4.7级和2.7级，显著轻于嘉育293的6.8级和7.7级。白叶枯病平均等级为3.9级，轻于嘉育293的4.2级。1997年据中国水稻所米质测定，糙米率80.1%，精米率73.0%，整精米率53.7%，籽粒长宽比2.5∶1，垩白率29%，垩白度10.0%，透明度4级，糊化温度6.8，胶稠度79毫米，直链淀粉含量13.4%。精米率、碱消值、胶稠度3项指标达部颁一级食用优质米标准。适宜浙江省作早稻种植。注意防治稻瘟病。

种植表现：1997年余姚市品试平均亩产547.93千克，居品试第一位，比高产早籼品种嘉育293增产1.81%。1998年尽管气候反常，嘉早935出现颖花退化现象，但仍取得了较高产量，余姚市4个示范方平均亩产506.0千克。其中余姚镇治山示范方平均亩产564.5千克，高产田块3亩单产达625.0千克；牟山胡家抛秧示范方，平均亩产525.5千克。1998年余姚市1.52万亩平均亩产478.2千克，比嘉育293增产5.42%，在优质优价政策下，比嘉育293每亩增效71.71元。嘉早935植株高大，分蘖力强，穗型大，千粒重高，后期转色好，抗逆性强，米质优。据1997年、1998年品比试验，全生育期111.0天，比嘉育293长0.5天。亩有效穗数31.61万。1997年品比试验每穗总粒数、实粒数、结实率、千粒重分别为110.11粒、82.08粒、74.55%、24.8克。穗型与嘉育293相仿，谷粒比嘉育293大。余姚市种植未发现稻瘟病和白叶枯病。苗期耐寒性好，成秧率高，但抗倒伏性一般。如密植程度偏高、后期肥力足的抛秧田块有倒伏现象。经宁波市、余姚市优质米品尝鉴定会议品评，食味名列前茅。

栽培要点：嘉早935属大穗型品种，稀播壮秧是发挥其大穗优势的基础。亩用种量5～6千克，亩播种量不超过40千克。4月初播种，秧龄控制在30天左右。移栽叶龄控制在5.1叶左右。作抛秧栽培的秧龄控制在20～25天。一般手插田块亩插2.5万左右，12万左右落田苗，最高苗控制在40万以内，争取30万有效穗数；

抛秧每亩抛 80 盘左右，15 万左右落田苗，最高苗控制在 45 万左右，有效穗数争取 35 万左右。嘉早 935 耐肥抗倒伏性比嘉育 293 差，总用肥量宜控制在每亩纯氮 12 千克左右。采取施足基肥、早施追肥、巧施穗肥、增施有机肥和磷、钾肥。移栽后及时灌水护苗，前期薄水灌溉，结合间隙露田，促进早生分蘖；至足穗苗数后及时开沟搁田，达到控蘖壮秆；后期湿润灌溉，养根保叶防早衰。

第二节　晚稻品种

老 来 青

亲本来源：矮宁黄

选育地区：江苏省松江县

完成人：陈永康

品种类型：粳型常规水稻

品种概况：原江苏省松江县全国农业劳动模范陈永康用"一穗传"的方法从矮宁黄中选育。具有米质优良，生长清秀，后期耐寒，穗数、粒数、粒重三者比较协调的特点，丰产性好，适应性广，宜作单季和双季晚稻栽培。主要分布区：江苏太湖稻麦区、通扬稻棉区和里下河部分稻麦区；浙江的杭嘉湖平原和宁绍平原稻区；安徽的安庆地区和湖北的荆州、黄冈和孝感地区；上海郊县（占晚粳面积的 50%）。1958 年浙江、江苏、上海、湖北、湖南等省（市）推广 740 万亩。

种植推广情况：余姚市 1957 年引入，1958—1961 年推广。1959 年推广面积最大，为 2.0 万亩。一般亩产水平 300 千克。

新 太 湖 青

亲本来源：太湖青

选育地区：浙江省嘉兴地区

完成人：钱章发

品种类型：粳型常规水稻

品种概况：浙江农民育种家钱章发从太湖青上选育。新太湖青适应性广，在各地表现都良好。成熟期适中，穗大粒多，秕谷少，千粒重达 30 克。1958 年，据富阳皇天畈农场试验，在 7 月 28 日移栽的晚稻品种试验中，以新太湖青产量最高，可以积极推广。

种植推广情况：余姚市 1957 年引入，1958—1963 年推广。1959 年推广面积最大，为 6.0 万亩。一般亩产水平 200 千克。

老 来 红

品种类型：粳型常规水稻

适种地区：主要分布在杭嘉湖地区

品种概况：老来红是农家品种，在宁波地区作连作晚稻表现较好。

种植推广情况：余姚市 1958 年引入，1960—1964 年推广。1964 年推广面积最大，为 12.6 万亩。一般亩产水平 200 千克。

农 垦 58

选育单位：日本

品种类型：粳型常规水稻

品种概况：农垦 58 原名世界，引自日本，1957 年在江苏、浙江两省试种，1960 年在太湖地区进行大面积多点试种示范，均取得良好效果。表现为晚熟、秆矮、株型紧凑、茎秆细韧、茎基部节间短、叶色浓绿、分蘖早而多、成穗率高，属多穗型晚粳品种。每穗粒数中等偏少，千粒重 26～27 克，籽实饱满，结实率高，谷壳薄，米质优，对日照反应敏感。作单季晚稻栽培，全生育期 165 天，作双季晚稻栽培，全生育期 135 天左右。较耐迟栽，耐肥抗倒伏，抗白叶枯病，后期耐寒。由于综合性优良，适应性广，在我国南方稻区大部分地区相继引种成功，得以很快推广普及。20 世纪 60 年代中期至 70 年代初期，浙江、江苏、上海、安徽、湖南、湖北、四川等省（市）以农垦 58 作为单季和双季晚粳累计种植达

14 200 万亩，成为南方稻区推广面积最大的水稻良种之一。农垦58 在我国南方稻区的应用不仅对粮食生产起了重要作用，而且也是晚粳育种中作出重大贡献的主要优良亲本。

种植表现： 余姚市 1963 年引入。农垦 58 具有较大的适应性和丰产性，适应性表现为对气候的适应性强，不同年份种植，产量稳定；在播种移栽季节早栽迟栽都可获高产；抗涝能力强，不易落粒，抗风力也强；茎秆细韧，耐肥抗倒伏。农垦 58 对肥力要求高，一般要种在肥力较高或施肥水平高的田块。农垦 58 株型紧凑，多蘖多穗，穗型小，每穗粒数 50 粒左右，谷壳薄，出糙率高。抽穗整齐，灌浆速度快，叶片功能期长，成熟早，农垦 58 由于较耐迟栽，前作可以种植迟熟高产的矮脚南特，有利于提高早季产量和全年产量。

栽培要点： 农垦 58 是一个早熟晚粳品种，可以早播早栽，也可迟播迟栽。作早熟早籼莲塘早的后作，在 7 月中旬移栽；作迟熟早籼矮脚南特的后作，迟至立秋移栽；不论早栽迟栽，适宜秧龄30～35 天。秧田播种量 50 千克左右，每亩本田用种量 5.5～6.5千克。采用半旱秧田方式育秧。秧田注意防稻蓟马，可用二二三乳剂或乐果乳剂、敌百虫等。农垦 58 分蘖力强，但仍需种植较多的苗数，主要原因是穗型小，必须力争多穗。亩插 3 万丛，每丛 4～5 本，每亩 12 万～15 万基本苗。一般亩施肥 1 吨以上，对于肥力低的田，应适当提施肥量，基肥用量占 50%～70%，追肥占30%～50%。早期早耘田，中期适度搁田，后期防止排水过早。采取综合措施，严防纹枯病。打捞菌核，减少病菌来源；适时搁田，浅水灌溉；及时喷药防治，可用 200 倍波尔多液。

推广情况： 余姚市 1963 年引入，1964—1968 年推广。1965 年推广面积最大，为 23.0 万亩。一般亩产水平 275 千克。农垦 58 是余姚市历史上一个重要的晚粳稻品种。

农虎 6 号

亲本来源：农垦 58（♀）、老虎稻（♂）
选育单位：浙江省嘉兴市农业科学研究所

品种类型：粳型常规水稻

适种地区：长江流域连作晚稻地区

品种概况：农虎 6 号是浙江省嘉兴市农业科学研究所用农垦 58 和老虎稻于 1965 年育成的晚粳品种。姊妹系有农虎 3 号、农虎 4 号等。农虎 6 号综合了农垦 58 与平湖老虎稻的优良性状于一体，表现株型紧凑挺健，根系发达，耐肥抗倒，抗稻瘟病、白叶枯病和小球菌核病，后期耐寒，适应性广，穗大粒多，着粒紧密，丰产性好，一般亩产 400 千克，高的可达 500 千克以上，比农垦 58 增产 10% 左右。作为农垦 58 的主要接班品种，在长江中下游地区大面积推广。在浙江、江苏、上海、湖南等省（市），种植长达 15 年之久。如 1972—1983 年浙江平均每年推广农虎 6 号 200 万亩以上，其中 1974 年发展到 624.31 万亩；1974 年浙江、江苏、上海 3 省（市）推广达 1 083 万亩。据不完全统计，1970—1985 年在浙江、江苏、上海、安徽、湖南、湖北、四川、江西等 8 省（市）累计推广 6 326.3 万亩，成为南方稻区晚粳生产上推广应用的主要品种之一。农虎 6 号是晚粳育种的主要亲本之一。浙江一些科研部门针对农虎 6 号推广多年后出现的抗稻瘟病性丧失以及熟期尚嫌偏迟等问题，着手进行改良，衍生了一系列品种。

种植表现：农虎 6 号属迟熟晚粳，感光性强，年度间、早播迟播抽穗期比较稳定，较耐迟播，一般全生育期 135 天左右。分蘖力比农垦 58 弱，适宜密植。一般每亩高产田有效穗数达到 35 万～40 万，每穗实粒数 40～50 粒，千粒重 26 克以上。植株生活力、抗寒力比农垦 58 强，后期不易早衰。但谷壳较厚，种子发芽势弱，出米率和米质次于农垦 58。

栽培要点：农虎 6 号属迟熟晚粳，6 月 25 日左右播种。稀播大秧为宜，每亩秧田播种量，秧龄 40 天以上的，播 60 千克左右；秧龄 30～35 天的，播 75～90 千克。种植密度为直行 13.3～16.7 厘米，横行 10.0～13.3 厘米，每亩插 4 万丛以上，每丛插 7 本左右，插足 30 万基本苗。但在秧壮肥足的情况下，也可以适当减少基本苗。早耘勤管，前期浅灌勤搁，后期干干湿湿，不要断水过早。农虎 6 号生育期较长、需肥量大，施足肥料才能充分发挥其增产潜力。每亩用肥 2 吨以上能获较高产量。用肥以肥力稳长的土杂肥打底，配合施速效面肥和分次追肥。农虎 6 号叶色较深，易受响虫危害而引起矮缩病；同时还会感染稻瘟病、纹枯病、白叶枯病。

推广情况：余姚市 1970 年引入，1972—1983 年推广。1975 年推广面积最大，为 22 万亩。一般亩产水平 275 千克。农虎 6 号是余姚市历史上一个重要的晚粳稻品种。

嘉农 485

亲本来源：农垦 58

选育单位：上海市嘉定县华亭农场

品种类型：粳型常规水稻

品种概况：农垦 58 系选。

种植推广情况：余姚市 1972 年引入，1973—1976 年推广。1974 年推广面积最大，为 3.0 万亩。一般亩产水平 275 千克。

嘉湖 4 号

亲本来源：农虎 6 号（♀）、金垦 18（♂）

选育单位：浙江省嘉兴市农业科学研究所

品种类型：粳型常规水稻

适种地区：浙江省和长江流域连作晚稻区

品种概况：浙江省嘉兴市农业科学研究所 1970 年以农虎 6 号/金垦 18 育成的晚粳品种。适宜在土壤肥力中下和施肥水平较低的地区种植。解决了农虎 6 号需肥较多，在推广中存在一定局限性的矛盾。该品种生长发棵快、起发早、丰产性好、适应性广，但后期耐寒力不及农虎 6 号。1978 年在浙江的杭州、嘉兴、湖州、金华、衢州一带推广面积达 494 万亩。在上海、江苏、浙江、安徽和四川等省（直辖市）也有分布。

种植推广情况：余姚市 1975 年引入，1976—1983 年推广。1982 年推广面积最大，为 15.1 万亩。一般亩产水平 275 千克。

汕优 6 号

亲本来源：珍汕 97A（♀）、IR26（♂）

选育单位：江西省萍乡市农业科学研究所

品种类型：籼型三系杂交水稻

认定情况：1983 年浙江认定（编号：浙品认字第 012 号）

品种概况：汕优 6 号具有叶窄直笃、分蘖力强、成穗率高、适宜密植、穗型较大、结实率高及秧龄弹性大、较耐迟栽、抗逆力较强、适应性广等方面的优点。缺点是感矮缩病、小球菌核病和易遭稻纵卷叶螟危害。每穗总粒数 105～115 粒，每穗实粒数 80 粒左右，千粒重 24～26 克。叶鞘、叶耳、稃尖、柱头均为紫红色，稻穗弯形，谷粒椭圆形，无芒。抗白叶枯病，中抗稻瘟病和稻飞虱，不抗其他病虫害。

种植表现：1976 年各地试种汕优 6 号，分蘖力特强，穗大粒多，抗逆好，产量高，推广快。但籼型杂交水稻是感温性品种，作连晚种植受气候影响大，常因热量条件不能满足而表现产量高而不稳甚至减产。

栽培要点：余姚市栽培主要以两段育秧方式育秧。留好专用秧田和寄秧田，1 亩秧田寄 4 亩，可插 16 亩大田，合 1 亩大田用种量在 1 千克左右。一般认为以选用草籽种田最好。采用草籽种田做小苗秧田，不必翻耕，只要将地上部分割光后，起沟摊平，铺上水河泥即可播种。6 月 10 日播种，亩播 12.5 千克左右，7 月 5～10 日寄秧。寄秧时以单株寄植，寄秧秧龄掌握在 20 天左右为宜，寄秧密度 6.7 厘米×8.3 厘米，如果要迟至 8 月 6 日后才能移栽，寄秧密度以 6.7 厘米×10.0 厘米为好。寄秧田要做到田面平整、带土浅植。第一段秧和寄秧移栽前都要施好起身肥，以利于还苗早发。8 月初前移栽，亩插 2.2 万～2.5 万丛。掌握基肥足而全、苗肥早而速、穗肥巧而准、根外追肥防衰老的原则。基肥要施足，一般占总用肥量的 70% 左右，以农家肥为主，要求氮、磷、钾三要素齐全。杂交水稻的攻蘖肥要掌握早而速，要求在施好秧苗起身肥和大田耙面肥的基础上，早施分蘖肥。一般在插秧后 5 天左右，每亩施用硫酸铵 10～15 千克。水浆管理上做到浅水移栽、寸水返青、薄水发棵。返青后要及时排水露田，促进根系伸展，增加早生分蘖。中期要突出抓好适时、适度搁田，严格掌握"苗足不等时、时到不等苗"的原则，起到巩固早生分蘖、壮秆攻大穗的作用。一般在总苗数达到所需穗数时即可开始搁田。自从推广杂交晚稻汕优 6 号以后，病虫害的发生也出现了"三轻三重"的新情况。即白叶枯病、稻瘟病和褐稻虱的危害比常规连晚减轻，而稻螟虫、纵卷叶螟和矮缩病比常规连晚严重了，需注意加强防治。

种植推广情况：余姚市 1976 年引入试种，表现好，1977 年扩大试种，1978—1983 年期间晚稻生产中较大面积的推广，更替一部分产量较低的常规粳、糯稻。1980 年汕优 6 号推广种植面积 16.64 万亩。累计推广 121.29 万亩。其后随着秀水系统晚粳高产品种的推广，而杂交稻又需"两段"育秧且技术麻烦等，平原稻区面积逐减，至 20 世纪 80 年代末余姚市仅留山区半山区中汛稻区种植籼型杂交稻。

汕优 6 号（杂交连晚）在余姚推广情况

单位：万亩

项目	年　份														小计
---	1977	1978	1979	1980	1981	1982	1983	1984	1985	1986	1987	1988	1989	1990	
面积	0.96	2.56	15.64	16.64	14.46	8.11	11.72	11.6	9.12	9.1	8.94	6.73	3.39	2.36	121.29

注：86 年后有汕优 64 等新品种也在连晚中种植，后期也以低山区作连晚为主。

秀水 48

亲本来源：辐农 709/京引 154（♀）、辐农 709（♂）

选育单位：浙江省嘉兴市农业科学研究所

完成人：姚海根

品种类型：粳型常规水稻

适种地区：湖州平原和宁绍平原

审定情况： 1983 年浙江审定（编号：浙品审字第 005 号）

品种来源： 用晚粳辐农 709 与对稻瘟病具有一定抗性的糯质亲本京引 154 杂交，于 1976 年冬至 1977 年春南繁期间，在 F3 的 32 个株系中，依据稻瘟病田间发病情况及 1976 年晚秋选种时粳、糯记载，选系、选株进行回交。与粳质单株回交后，从 B1F4 中选得基本稳定的晚粳品系秀水 48，其组合方程式为辐农 709/京引 154//辐农 709。

产量表现： 自 1950 年起，秀水 48 参加浙江省、地、县各级区试，并进行较大规模生产试验。1980 年、1981 年晚稻生长期间，天气条件十分恶劣，稻瘟病、白叶枯病流行，由于抗性的作用，秀水 48 都表现相对稳产。1981 年海盐县 6 个单位生产试验结果，秀水 48 共 125.13 亩，平均亩产 308.05 千克，较相应的更新农虎增产 32%。1982 年，晚稻生长期间天气正常，同其他品种一样，秀水 48 的丰产性能也得到了发挥，各地均出现丰产片、高产田。如平湖县全塘公社种植秀水 48 共 23.8 亩，平均亩产 545.15 千克；绍兴市东湖农场种植秀水 48 共 64.58 亩，平均亩产 430.6 千克；鄞县甲村公社甲村大队种植秀水 48 共 865.1 亩，平均亩产 276.4 千克。

特征特性： 秀水 48 株高 85～90 厘米，比更新农虎矮 5 厘米；株型紧凑、茎秆细韧、分蘖力强、成穗率高、有效穗较多，穗呈垂头形，穗颈较细，谷粒卵圆形，无芒，谷壳、颖尖、护颖均为秆黄色；秀水 48 出颈 3～5 厘米，每穗总粒数 60～65 粒，正常结实率高于 90%，千粒重 25～26 克；与更新农虎相比，每亩有效穗数和结实率有明显优势，但每穗粒数则较少。秀水 48 感光性强，属典型晚粳稻。齐穗期和成熟期与更新农虎比较，秀水 48 早 1～3 天。

该品种抗白叶枯病，抗稻瘟病 G 群优势小种，但不抗致病力强的 D 群和 E 群小种。秀水 48 利用国外抗稻瘟病种质与嘉兴丰产品种成功配组，打破了当时育种界"丰产不抗病、抗病不丰产"的定论。秀水 48 很快成为浙江新一代当家品种，在重病区增产达 20% 以上，深受农民青睐。1982 年浙江省已分别种植 50 万亩。

1983 年春经浙江省品种审定委员会审定列为推广品种，1983 年种植面积约 280 万亩。

种植表现：余姚市 1981 年引入试种，结果秀水 48 不仅丰产性好，而且稻瘟病抗性非常好。当时浙江省早晚稻稻瘟病盛行，余姚市也不例外，严重影响粮食生产。为了能使秀水 48 在余姚市快速推广，余姚市种子站通过在海南冬季繁种、本地单本繁育等手段，使余姚市 1984 年秀水 48 种植面积达到了 25.9 万亩，并基本消除了稻瘟病的危害。

栽培要点：适时播种、培育壮秧。一般在 6 月 22～25 日。播种量以每亩 35～50 千克为宜，迟插田应更稀播或采用两段育秧。宜选择中等肥力田块作秧田，秧苗期肥水促、控要适当，移栽前 3 天施起身肥。从大面积试种和播种期试验看，秀水 48 宜安排在早、中茬口上，在培育壮秧或两段育秧的前提下，也可安排在迟茬口上。合理密植，争多穗高产。为充分发挥穗数优势，秀水 48 每亩基本苗应插足 15 万～18 万苗，要求每亩有效穗数达到 30 万～32 万。为协调个体和群体、穗数和穗型之间的关系，均以适当增加丛数、少株、匀株为好。早栽田应争取早生分蘖成穗，迟栽田应适当增加基本苗。科学用肥。秀水 48 是在高肥条件下选育的，分蘖期对肥料有较高的要求，适宜在较高肥力水平下种植。施肥方法可采用施足基肥，早施追肥，看苗看天巧施穗肥。总用肥量控制在每亩 2.5～2.75 吨，基肥中有机肥应占一定比重，面肥和追肥中搭配使用磷、钾肥。分蘖期较更新农虎需肥稍多，一般可追肥多施 0.15～0.2 吨/亩。及时防治病虫害。秀水 48 都对稻瘟病、白叶枯病有一定抵抗能力，但在重病区、重病年仍应重视药剂防治；还应注意纹枯病防治，有茎基腐败病、稻曲病发生的地方应加强水浆管理、综合防治。此外，该品种叶色深绿、分蘖力强，在秧苗期应注意稻蓟马、叶蝉等虫害。

推广情况：余姚市 1981 年引入。80 年代初，早晚稻稻瘟病盛行，由于该品种有良好的稻瘟病抗性，在余姚市快速推广，1984年推广面积达 25.9 万亩，1983—1988 年累计推广 106.0 万亩。一般产量水平 350～400 千克。

秀水 27（82－27）

亲本来源：松金/测 21（♀）、辐农 709///窄松//窄松/桐青晚////测 21（♂）

选育单位：浙江省嘉兴市农业科学研究所

品种类型：粳型常规水稻

适种地区：浙江省晚粳稻地区作单季或连晚种植

审定情况：1985 年浙江认定（编号：浙品认字第 042 号）

品种来源：浙江省嘉兴市农业科学研究所用松金/C21///窄松/桐青晚//辐农 709 复交育成的迟熟晚稻品种。产量高，米质好，抗稻瘟病，1987 年在浙江推广 130 万亩。

种植表现：余姚市 1982 年引入。秀水 27 属晚粳类型，株型呈半矮生型。苗期生长清秀，移栽后不易败苗；叶挺、色淡绿，茎秆粗壮，剑叶直笃，后期绿叶数多，根系活力强，青秆黄熟。株型矮而紧凑，株高 75～85 厘米。着粒疏，穗比秀水 48 长 0.4 厘米，而每穗总粒数反而少 16 粒左右。分蘖力偏弱，后期转色好。出米率高，米质佳。据宁波市首届优质米品尝鉴定会议品味，秀水 27 米色呈玉色，腹白小，米粒大，出糙率 83.4%，整精米率 75.2%。按外观、食味和碾米品质 3 项满分为 100 分计算，秀水 27 得 76.7 分，比当家品种秀水 48（64.9 分）高 21.5 分。千粒重、结实率高，据 1983—1985 年全县不同农区 3 年资料，秀水 27 平均千粒重 29.2 克，比秀水 48 增加 4.4 克；秀水 27 的平均结实率 85.8%，比对照平均高 6.9%。生育期稳定，同据 1983—1985 年 3 年资料，秀水 27 全生育期为 136.7 天，年度间变幅为 4 天，与秀水 48 的全生育期 136.4 天相近。始、齐穗虽然不整齐，但很稳定。始、齐穗期比对照迟 2 天左右，但后期灌浆速度快，因而熟期相仿。抗逆性强。秀水 27 由于植株矮而茎秆粗壮、抗倒性强，在一般情况下不易倒伏，耐肥、耐寒力强。1983 年经 2 次浓霜考验，叶片仍保持青绿色，后期青秆黄熟，而其余粳稻的叶片则已枯萎。秀水 27 因持有 $Pi\text{-}ta^2$ 的广谱性抗瘟基因，因而表现抗稻瘟病。据 1985 年区域试验资料，秀水 27 的发病率为 0%、病指为 0，而对照秀水 48 的发病率为 1.5%、病指为 1.1。秀水 27 中感点发性白叶枯病，1985 年发病率为 13%、病指为 4.8，比秀水 48 分别高 8.5% 和 3.1。该品种还高抗稻曲病，抗飞虱的能力也比对照强。

栽培要点： 秀水 27 播种至始穗历期较长，播种期应适当提早，一般应在 6 月 18 日至 20 日播种，比秀水 48 早播 2～3 天。秧田亩播 40 千克左右，本田用量 4～5 千克，高产田块亩播 20～30 千克，秧龄 40 天左右。要发挥秀水 27 的增产潜力，一定要适时早播、早栽，争取在 7 月底前移栽，最迟不过 8 月 2 日。同时要做到小株密植，增加基本苗，密植规格一般行株距 16.5 厘米×（10～11.66）厘米，每丛 3～4 本，基本苗 12 万～15 万。施纯氮 9～10 千克、纯钾 5～7.5 千克、纯磷 4～5 千克。秀水 27 的种子一定要用 402 浸种处理。据调查，用 402 浸种过的秀水 27 几乎没有恶苗病发生，而未经 402 药剂处理的秀水 27 发病率为 27.56%。秀水 27 剑叶上举，叶片易于损伤而引起点发性白叶枯病，必须在育秧期、孕穗期、抽穗期和台风过后，及时用叶青双或川化 018 防治，以免遭损失。其余的栽培管理措施大体与秀水 48 相仿。

推广情况： 1984—1987 年期间作为搭配品种种植。推广面积最大年份 1986 年推广 6.8 万亩，1984—1987 年累计推广 26.1 万亩。一般亩产水平 350～400 千克。

秀水 11 (C84 - 11)

亲本来源：测 21（♀）、测 21/湘虎 25（♂）

选育单位：嘉兴市农业科学研究所

完成人：姚海根

品种类型：粳型常规水稻

适种地区：浙江省肥力水平较高的连作晚稻早、中熟茬口或平原单季稻地区

审定情况：1988 年浙江审定（编号：浙品审字第 040 号）

产量表现： 自 1985 年起参加浙江省地县各级区试。1986—

1987 年浙江省区试，折亩产 425.6 千克、428.83 千克，较对照秀水 48 增产 6.6％和 11％，居粳稻组第二位、第一位。宁波市区试，折亩产 397.6 千克、423.3 千克，较秀水 48 增产 6.5％、13％，连续两年居首位；1986 年宁波市生产试验，折亩产 424.1 千克，较秀水 48 增产 11.5％，居首位。

特征特性：植株高 75～80 厘米，茎秆细韧、叶鞘包节，株型紧凑，叶下禾，属半矮生型。功能叶寿命长，收获时绿叶数比秀水 48 多 0.5～1 张。作连作晚稻，一般每亩 30 万～35 万有效穗，每穗 50～70 粒，结实率 55％～90％。作单季晚稻，一般每亩 25 万～27 万穗，每穗 70～80 粒，结实率 90％以上。千粒重 28.0～29.5 克，出糙率 83％～84％。生育后期转色好，灌浆速度快，青秆活熟。谷色黄亮，谷粒成熟度一致，易脱粒。历年短日照促进率接近迟熟晚粳秀水 48，感光性较强。在 6 月 20～25 日播种，一般 9 月 23 日前后齐穗，11 月 5～8 日成熟，全生育期 135 天左右，较秀水 48 早 3～4 天，为中熟晚粳。秀水 11 对稻瘟病菌诸小种有良好的抗性，同时对白叶枯病也有一定的抗性。

秀水 11 具有高产、优质、中熟、抗稻瘟病等特点，受到粮食部门、生产部门的欢迎。浙江省 1986 年试种 0.5 万亩，1987 年种植达 40.55 万亩，1988 年推广 100 万亩左右。秀水 11 成为浙江省取代秀水 48 的晚稻当家品种之一。

种植表现：余姚市 1986 年引入，连晚种植 87.1 亩，平均亩产 419.3 千克，熟期较秀水 48 早，米质优。

栽培要点：连作晚稻种植。播种期 6 月 20～25 日，尽量安排在早中茬口移栽，秧龄不超过 40 天。亩播 30～40 千克，壮秧匀株密植。7 月底移栽，插 2～3 本，8 月初移栽，插 3～4 本。每亩插足 3.5 万～4 万丛，走增丛增苗增穗的高产路子。应施足基肥，早施追肥，充分发挥其分蘖早而快的优良特性，力争多穗。总用肥量控制在亩施折合标准肥 2.5～3 吨，防止用肥过量、过迟。钾肥增产效果非常显著，应配合使用。由于根系集中分布土表，应分次搁田，不宜一次重烤，以免引起伤根与分蘖迅速下降；灌浆期务必干干湿湿，以保持根系活力，促使青秆活熟。在秧田三叶期和拔秧前用叶青双预防白叶枯病。

推广情况：余姚市 1986 年引入，连晚种植 87.1 亩，平均亩产 419.3 千克，熟期较秀水 48 早，米质优。1987 年开始迅速推广，面积 4.5 万亩。1988 年达 22 万亩，成为余姚市晚稻主栽品种，以后继续增长，1989—1990 年达 28.4 万亩，1991 年达 30 万亩，成为推广面积最大的年份。但 1992 年在余姚市低塘等部分乡镇也发生了稻瘟病，影响产量，同时也出现了更抗稻瘟病的新品种宁 67，以后推广面积下降，至 1996 年结束。1987—1996 年累计推广 160.9 万亩。一般亩产水平 400～450 千克。

秀水 11 在余姚推广情况

单位：万亩

项目	年　份										小计
	1987	1988	1989	1990	1991	1992	1993	1994	1995	1996	
面积	4.5	22	28.4	28.4	30.0	25.8	14.6	4.1	2.3	0.8	160.9

宁 67

亲本来源：甬粳 29（♀）、秀水 04（♂）
选育单位：浙江省宁波市农业科学研究所
品种类型：粳型常规水稻
适种地区：浙江省宁波地区作连晚和单季晚稻种植
审定情况：1992 年浙江宁波审定

产量表现：1990 年参加浙江省联品和宁波市区域试验，浙江省联品平均亩产 417.21 千克，比对照秀水 48 增产 12.25%，达极显著标准；宁波市区试平均亩产 428.25 千克，比对照秀水 11 增产 6.23%，达显著标准。1991 年宁波市区试，平均亩产 496.97 千克，比对照秀水 11 增产 5.29%。1991 年宁波全市种植扩大到 7 400 余亩，据实产调查 2 342.03 亩，平均亩产 505.3 千克，并涌现了一批亩产超 500 千克的丰产方和亩产超 600 千克的高产田块。

特征特性： 宁67作连晚栽培的总叶片数15～16片，株高80厘米左右，株型紧凑，剑叶挺直，茎秆坚韧，叶鞘包节，基部节短，抗倒性强，属半矮生青稻生态型中熟晚粳。前期叶色淡绿，后期转色清秀，功能叶寿命长，灌浆速度快，成熟一致，谷粒饱满，青秆黄熟。穗大粒多，着粒密度适中，谷粒椭圆形，部分谷尖略有顶芒，较易脱粒。在产量结构上，宁67表现穗、粒、重三者兼顾、协调，依靠粒数多增产。每亩有效穗数27.75万，每穗总粒数74.6粒，实粒数67.3粒，千粒重27.3克。虽分蘖力略低于秀水11，有效穗数比秀水11少，但因每穗粒数多，亩产仍高于秀水11。

宁67最突出的优点是抗稻瘟病和白叶枯病，并把高产优质等优良性状聚集于一体，较好地解决了高产与抗病的矛盾。宁67对稻瘟病和白叶枯病抗性均比秀水11强，特别对宁波地区的生理小种表现有较强的抗性。据省市两级联合抗性鉴定结果，宁67属抗至中抗稻瘟病和白叶枯病，在病区试种，表现田间抗性突出，比秀水11增产效果明显。各试种单位反映，宁67后期稻脚清爽、纹枯病发病轻。宁67米质优，达到部颁一级优质米标准。谷粒饱满，出糙率高，米粒外观呈玉色透明。经中国水稻研究所谷化系1997年米质分析，宁67糙米率85％、精米率76.9％、透明度1级、糊化温度7级、胶稠度63厘米、直链淀粉17.7％，各项指标达到部颁一级优质米标准。宁波市种子公司食味品尝结果，宁67与部颁优质米秀水11相仿。

种植表现： 余姚市1991年引入，表现突出，据206.3亩田块调查亩产469.9千克，全市晚稻品种产量之首；据余姚市鹿亭乡重病区病圃鉴定，1991年秀水11稻瘟病发病率达70％，而宁67发病仅10％；1991年在余姚市的浙江省晚稻区试点的11个品种中调查细条病，秀水11发病率和病指为75.37％和19.9，而宁67仅3.98％和0.80，发病最轻。

栽培要点： 适期稀播，培育扁蒲壮秧。这是充分发挥宁67穗大粒多的优势，获得高产的前提。作连晚栽培，适宜的播种期为6月20～25日，每亩本田用种量3～4千克，秧田播种量20～30千克。在秧苗三叶期前喷一次多效唑，有利于促根壮茎控长，培育扁蒲壮秧。同时，对防止插后败苗亦有效果。少本密植，插足苗数，确保穗数。这是协调宁67穗、粒、重平衡发展，确保有效穗数，打好高产的基础。插种密度要求亩插2.5万～3万丛，早栽田每丛2～3本，迟栽田每丛4～5本，亩插基本苗8万～12万，争取达到每亩26万以上有效穗数。施足基肥，早施追肥，配施磷、钾肥适施穗肥。这是促使宁67早发快发、提高成穗率、争多穗、攻大穗、夺取高产的关键。宁67耐肥抗倒伏，总需肥量略高于秀水11，一般亩施标准肥2 500～3 000千克，基肥应占总施肥量的50%以上。要早施追肥，促其早发，提高成穗率。宁67对磷、钾敏感，应早施磷、钾肥。生育后期适施穗粒肥，有利攻大穗和提高结实率，增加粒重。加强田间水浆管理，及时防治病虫害，这是夺取高产的保证。宁67在水浆管理上，前期浅灌勤灌，适时轻搁；中期活水勤灌，保持湿润；后期间歇灌溉，干湿交替，防止断水过早，以保持根系活力，达到青秆黄熟。在病虫防治方面，播前做好种子消毒，用402或强氯精药液浸种。在白叶枯病重病区，秧苗三叶期及本田孕穗期用叶青双预防。同时做好纹枯病、螟虫、褐飞虱等其他病虫的防治。

推广情况：1992年推广4.8万亩，当年正好遇秀水11在部分地区发生稻瘟病现象，1992年在余姚市低塘镇进行穗颈瘟调查，秀水11的发病率和病情指数为29.8%和10.8，宁67仅0.7%和0.1。1993年推广面积13.9万亩，面积与秀水11相当。1994年推广面积21.4万亩，成为余姚市晚稻第一大品种，直至1998年连续5年为余姚市晚稻第一大品种，以后逐步被甬粳18替代。1992—2000年累计推广面积140.99万亩。

宁67在余姚推广情况

单位：万亩

项目	年 份									小计
	1992	1993	1994	1995	1996	1997	1998	1999	2000	
面积	4.8	13.9	21.4	22.4	23.4	23.6	19.3	8.6	3.59	140.99

┃ 秀水 1067（丙 1067）┃

亲本来源：测 212/湘虎 25（♀）、秀水 40////秀水 46///秀水 11//测 212/P104/////祥湖 84/秀水 620（♂）

选育单位：嘉兴市农业科学研究院

品种类型：粳型常规水稻

审定情况：1996 年浙江审定（编号：浙品审字第 140 号）

种植推广情况：余姚市 1991 年引入。与秀水 11 相比，熟期早 2 天左右，植株略高，分蘖力弱，穗型略大。1992 年起搭配种植，但在随后的几年种植中，综合性状比同时期的宁 67 差，因此该品种在余姚市种植期间均作为搭配品种。1992—2000 年累计推广 38 万亩，推广面积最大年份 1994 年、1995 年，均推广 7.5 万亩。一般产量水平 400～430 千克。

秀水 1067 在余姚推广情况

单位：万亩

项目	年　份								小计
	1993	1994	1995	1996	1997	1998	1999	2000	
面积	3.9	7.5	7.5	5.2	5.0	4.1	1.2	3.6	38

┃ 秀水 390 ┃

亲本来源：丙 98111（♀）、丙 90289（♂）

选育单位：浙江省嘉兴市农业科学研究所

品种类型：粳型常规水稻

适种地区：浙江省杭嘉湖、宁绍平原作连晚或新三熟后茬种植

审定情况：2000 年浙江审定（编号：浙品审字第 212 号）

特征特性：秀水 390 是嘉兴市农业科学研究所杂交选育而成，其集高产、优质、抗病、救灾于一体耐迟播、短秧龄连晚抛栽品种。

种植表现：余姚市于 1996 年引进秀水 390 并试种。随后 5 年共参加过近百个连晚抛栽品种品比试验，秀水 390 产量等综合性状

均达领先水平，表现稳产高产。1996 年品比秀水 390 亩产 527 千克，居参试 12 个品种的第二位，比对照甬粳 38 亩产 482 千克，增产 9.3%，大田实产 475.2 千克，比当家品种宁 67 增产 1.5%。据余姚市农业局 22 块田试种，秀水 390 1.5 亩实产验收，平均亩产574.6 千克，有 3 块田亩产超 600 千克，平均亩产 611 千克。1997年全市品比中秀水 390 产量居首位，亩产 439.1 千克，比丙 94-54亩产 392.7 千克，增产 11.8%，大田亩产 446.6 千克，比当家品种宁 67 增产 6.3%。其中高产示范方 214.7 亩，平均亩产 510千克，余姚市农业局对 31 块田验收，平均亩产 509.6 千克，最高田块 593 千克；1998 年大田播种时遇高温，影响出苗、成苗率，导致秀水 390 亩基本苗 10 万以下，9 月中下旬又遇两次台风，整个灌浆期（9 月 21 日至 11 月 10 日）仅 176.4 小时，亩产仍达 425.1千克，比当家品种宁 67 亩产 437 千克，仅减 2%。高产田块牟山镇胡家村李柏根 1.72 亩，亩产高达 621 千克。1999—2000 年秀水390 是余姚市主要抛栽品种。

秀水 390 全生育期 130 天，属耐迟播中熟晚粳。据 1996—1999 年记载，于 7 月 6 日播种，7 月 26 日抛栽，9 月 13 日始穗，9 月 17 日齐穗，11 月 13 日成熟。株型好、穗粒结构协调，秀水390 呈密穗型，株型集散适中，分蘖力强。抛秧后起发快，分蘖发生早，前期生长较矮壮，拔节后相对增高，分蘖力强，成熟率高，穗型中等，茎秆粗壮，耐肥抗倒性较好。高产田块每亩有效穗数27 万～34 万，每穗实粒数 60～75 粒，千粒重 25～26 克，结实率90% 左右。秀水 390 播、抛期弹性较大，据 1996—1999 年播、抛期试验，播期 7 月 1～10 日，抛栽期 7 月 23～30 日产量变幅在473.5～527 千克/亩，产量受播、抛栽期影响不大，生育期相对稳定。可见，播期以 7 月 3 日左右为宜，抛栽期以 7 月底前为宜，以利提高稻谷商品性和产量。秀水 390 抗逆性强，5 年间均无大面积倒伏，特别是 1998 年 9 月中下旬遇两次台风，1999 年雨量多、日照少、温度低的情况下倒伏极少；1998 年永丰品试点抗病性考查，秀水 390 纹枯病发病率 8.23%、病情指数 2，稻瘟病发病率

1.27%，病情指数 0.25，基腐病株发病率 0.6%，均轻于其他参试品种。秀水 390 后期生长清秀，青秆活熟。如 1998 年 11 月上中旬多雨烂田，个别农户 11 月底至 12 月初收获仍表现生长正常。

栽培要点：秀水 390 秧龄弹性较大，感光性强，余姚市 7 月 3 日左右播种，7 月底前抛栽。用种量每亩 5 千克，每亩 100 盘左右。后期氮肥过多易出现脱粒困难、含枝梗多、出米率低、商品性差等问题，应采用重基早追增磷、钾的施肥方法，有利于灌浆充足，提高稻谷产量。基肥在稻草还田的情况下施碳酸氢铵 50 千克、过磷酸钙 25 千克；追肥抛后 5 天左右结合除草施尿素 7.5～10 千克、氯化钾 7.5 千克；隔 4～5 天再施尿素 2.5～5 千克；有条件的喷粒粒宝作根外追肥，达到青秆活熟，粒饱满。

推广情况：余姚市于 1996 年引进秀水 390 并试种，当时正是余姚市引进推广抛秧新技术时期，秀水 390 的耐迟播、短秧龄特性正好解决了连晚抛秧秧龄问题，并且产量水平也较高。1997 年示范，1998 年扩大种植 4.02 万亩，1999 年达 5.8 万亩，占连晚抛栽品种的 80% 以上，2000 年产业结构调整，连晚抛栽面积下降，但其仍达到 2.9 万亩，累计推广 15.3 万亩，并促进了余姚市晚稻抛秧技术的推广。一般亩产 400～430 千克。

秀水 390 在余姚推广情况

单位：万亩

项目	年 份						小计
	1997	1998	1999	2000	2001	2002	
面积	2.30	4.0	5.8	2.9	3.0	0.5	18.5

┃甬 粳 18┃

亲本来源：丙 89-84（♀）、甬粳 33/甬粳 23（♂）

选育单位：浙江省宁波市农业科学研究所

完成人：肖浩永、裘尧军、张松柏、王建中、陆文武、江圣福、张佐治、唐文华、葛胜平、钱长裕、尚正才

品种类型：粳型常规水稻

适种地区：浙江省宁波、绍兴等地作连晚或单季稻栽培

审定情况：2000 年浙江审定（编号：浙品审字第 210 号）

品种来源：宁波市农业科学研究所在 1990 年秋季用 P44（丙 89-84）作母本、P17（甬粳 33/甬粳 23）作父本杂交，经 6 年 10 代选育而成，是中熟晚粳品种。

产量表现：宁波市 1996 年和 1998 两年晚稻区试中，平均每亩产量分别为 489.5 千克和 474.4 千克，比对照宁 67 增产 3.6％和 8.1％。1998 年生产试验每亩产量为 494.8 千克，比宁 67 增产 11.1％。

特征特性：平均全生育期 139.1 天。熟期适中，丰产性好。对稻瘟病抗性优于宁 67 和秀水 11，中感白叶枯病和白背稻虱，感褐稻虱。

种植表现：余姚市 1996 年引种，全市 5 个品比点平均亩产 498.2 千克，比宁 67 增产 7.3％。1997 年连片示范 118 亩平均亩产 461.1 千克，比宁 67 增产 9.8％，并出现了亩产超 600 千克的田块，如肖东乡农户陈金波 1.2 亩，亩产 603 千克。全生育期 139 天左右，比宁 67 迟 1 天。分蘖力一般，亩有效穗数 21.9 万；穗型大，每穗总粒数、实粒数分别为 101.7 粒、89.3 粒、87.8％，分别比宁 67 增加 17.2 粒、19.0 粒。千粒重 27.5 克。穗型大是甬粳 18 高产的主要因素，也是超越当时及以前的水稻品种的特点。

栽培要点：甬粳 18 在余姚市主要作为连作粳稻手插栽培品种，连晚在 7 月 25 日前移栽的也作抛秧栽培。根据甬粳 18 生育期相对较长、秧龄弹性好的特点，连晚播种期一般 6 月 20 日左右。如作抛秧栽培则可推迟到 6 月 25 日播种。亩用种量手插栽培 4～5 千克，作抛秧栽培的亩用种量 5～6 千克，亩抛 120 盘左右。特别要注意的是该品种恶苗病较严重，务必采用"浸种灵"等药剂浸种。手插的既可作开门秧也可作关门秧移栽，但因该品种分蘖力较弱，应适当增插基本苗，一般每丛插 5～6 本。作抛秧栽培的秧龄控制在 30 天以内，并做到二次控苗，即采用烯效唑浸种的前提下在二叶一心或三叶一心再喷多效唑控矮，7 月 25 日前抛栽。如在此时不能

抛栽的则应安排手拔大秧移栽为宜。甬粳 18 的施肥方法，应掌握前促、中控、后补的方法。一般基肥每亩碳酸氢铵 40 千克、磷肥 15 千克左右；移栽后 3～4 天亩施尿素 8～10 千克加氯化钾 5～7 千克，8 月底看苗补施尿素 5 千克左右。切忌后期施氮过多，贪青迟熟。水浆管理：活棵后浅水、实田促蘖，每亩达到 35 万苗时搁田。孕穗、抽穗期保持田面有水。抽穗后干干湿湿，收获前 7 天停止灌水。切忌断水过早，影响灌浆结实。该品种虽然抗性较强，但遇不良气候或在稻瘟病常发区种植仍应抓好防治。同时该品种稻曲病、后期蚜虫相对较重，应宜在始穗期、齐穗期每亩用 150 克井冈霉素加 100 克三环唑农药预防 1～2 次，后期用一边净等农药预防蚜虫。

推广情况：1998 年开始迅速推广；1999 年推广 16 万亩，取代宁 67 成为余姚市晚稻面积最大的品种；2000 年达到 18 万亩；以后随着种植业结构调整，晚稻种植面积的下降而减少，但一直作为晚稻第一大品种种植，一直到 2007 年种植面积与秀水 09 相当；随后逐步被秀水 09 替代。1997—2009 年推广面积 129.25 万亩。亩产水平 430 千克左右。

甬粳 18 在余姚推广情况

单位：万亩

项目	年　份													小计
	1997	1998	1999	2000	2001	2002	2003	2004	2005	2006	2007	2008	2009	
面积	0.15	4.5	16	18	16.1	14.1	10.9	10.7	12.0	10.0	7.8	6.1	2.9	129.25

甬优 1 号（宁 67A/K1722）

亲本来源：宁 67A（♀）、K1722（♂）

选育单位：浙江省宁波市农业科学研究所、浙江省宁波市种子公司

品种类型：粳型三系杂交水稻

审定情况：2000 年浙江审定（编号：浙品审字第 215 号）

产量表现：浙江省 1998—1999 两年杂交晚粳稻区试中，平均

每亩产量分别为 471.8 千克和 427.5 千克，比对照秀水 11 增产 12.9％和 12.8％。1999 年生产试验平均每亩产量为 437.6 千克比秀水 11 增产 12.0％。

特征特性：平均全生育期 133.8 天。株型紧凑，分蘖力较强，穗型较大，千粒重高。中抗稻瘟病，中感白叶枯病和细条病，感白背稻虱和褐稻虱。适宜在浙中地区作单、双季稻种植。杂交粳稻甬优 1 号诞生，成为浙江省第一个比对照增产 10％以上的粳稻品种。

种植表现：1998 年余姚市种子站从宁波市种子公司引进宁 67A/K1722（甬优 1 号审定前组合名称，以下称为甬优 1 号）种子 70 千克，在余姚市牟山镇胡家方集中连片示范 40.8 亩（连晚），并在余姚市 5 个品试点作连晚品比，同时单季试种 1.2 亩。结果表现产量高、生育期适中、株型长相好、穗大、千粒重高、出米率高、米质好、抗逆性好。其中产量情况：5 个品试点汇总，甬优 1 号产量居首位，平均亩产 490.7 千克，比对照宁 67 的 454.5 千克增产 7.96％。连晚示范方平均亩产 526.1 千克；其中对比田亩产 527 千克，比宁 67 的 463.3 千克增产 13.7％；高产田块牟山镇胡家村单登记 2.1 亩高产田亩产达 592.0 千克。单季试种实产 579.0 千克，比宁 67 的 515.0 千克增产 12.4％。1999 年继续在牟山镇胡家方搞好百亩示范方的基础上，辐射余姚市各乡镇示范，余姚市示范面积 1 595 亩。结果连晚甬优 1 号亩产 515.3 千克，比甬粳 18 的 452.31 千克增产 13.9％；单季亩产 488.57 千克，比甬粳 18 的 462.03 千克增产 5.7％。形态特性穗粒结构方面：株高 94.2 厘米，有效穗数 21.24 万，总粒数 106.5 粒，实粒数 91.2 粒，结实率 85.6％，千粒重 28 克。2002 年以后余姚市以单季稻种植为主。单季栽培比常规晚粳增产 10％以上。缺点：分蘖力较弱，有效穗相对较少，而且感光性强、生育期稳定，因而早种不能早收。

栽培要点：

①用种量与播种期。亩用种量单晚 1 千克、连晚 1.25 千克，播种期单晚 6 月上旬，连晚 6 月 25 日至 6 月底播种，秧田播量每亩 10 千克。为预防恶苗病发生，务必采用"浸种灵"等药剂浸种，

为了防止秧苗徒长和促进分蘖发生，在一叶一心期用 200 毫克/千克多效唑喷雾，并采用肥水双促，严防稻蓟马。秧龄单晚 25 天，连晚 30 天左右。

②移栽。移栽密度单晚可适当放宽，一般 20 厘米×23.3 厘米，连晚 16.7 厘米×20.0 厘米，每丛插基本苗 2 本（不包括分蘖苗）。

③肥水管理。根据该品种分蘖相对较迟的特点，为了促进前期分蘖的发生，施肥时间适当提前。单季栽培：每亩基肥碳酸氢铵 40 千克，移栽后 5～7 天亩施尿素 7～10 千克，8 月上旬施尿素 7 千克左右，保花肥看苗酌情施用。连作栽培由于营养生长期短，更应重视前期氮肥施用。一般亩施碳酸氢铵 20～25 千克，活棵后亩施尿素 15 千克，以后不施氮肥，并增加磷、钾肥施用。水浆管理与同类品种相仿。

④病虫防治。恶苗病采用药剂浸种预防，稻曲病用井冈霉素在抽穗前 5～7 天结合防治纹枯病预防。稻瘟病在始穗期用三环唑等农药预防。秧田期主要防治稻蓟马，本田单季栽培特别注意 7 月下旬至 8 月上中旬螟虫防治，一般每周防治一次。其他虫害防治同其他栽培品种相仿。

推广情况：余姚市 1998 年引入，甬优 1 号开启了余姚市栽培杂交晚粳稻的历史。2000 年余姚市推广 1.5 万亩；2001 年推广 2.55 万亩；2002 年后甬优 1 号与高产优质的甬优 3 号同时推广，以后年份亦如此。2006 嘉兴农业科学研究院的杂交粳稻秀优 5 号也同时推广，2008 年开始甬优 8 号也逐步替代甬优 1 号；至 2010 年甬优 12 推广，甬优 1 号不再种植。余姚市共推广甬优 1 号面积 11.87 万亩。

甬优 1 号在余姚推广情况

单位：万亩

| 项目 | 年 份 | | | | | | | | | | | 小计 |
	1999	2000	2001	2002	2003	2004	2005	2006	2007	2008	2009	
面积	0.16	1.5	2.55	1.98	1.7	1.58	0.48	0.94	0.75	0.2	0.04	11.88

秀水 110（丙 98 - 110）

亲本来源：嘉 59 天杂（♀）、丙 95 - 13（♂）

选育单位：嘉兴市农业科学研究院

品种类型：粳型常规水稻

适种地区：浙江北部、上海地区

审定情况：2002 年浙江审定（编号：浙品审字第 370 号）

特征特性：该品种全生育期平均为 157 天，比对照秀水 63 长 1.5 天，为半矮生型之源与密穗型之库结合的新类型，生育期中熟，矮秆包节，耐肥抗倒，分蘖力中等，穗型大，丰产性好，适应性广，平均亩有效穗数 22.9 万，每穗总粒数 123.5 粒、实粒数 106.7 粒，结实率 86.4%，千粒重 25 克。抗性鉴定结果：抗稻瘟病（显著优于对照），中感白叶枯病，感细条病、褐稻虱和白背稻虱。米质测试结果：糙米率、精米率、整精米率、长宽比、垩白度、碱消值、胶稠度、直链淀粉含量和蛋白质含量等 9 项指标达部颁食用优质米一级标准。

产量表现：经嘉兴市 1999 年和 2000 年两年单季稻区试，平均亩产为 559 千克，比对照秀水 63 增产 4.04%。2001 年嘉兴市生产试验平均亩产 591.3 千克，比对照秀水 63 增产 5.72%。

审定意见：该品种为半矮生型之源与密穗型之库结合的新类型，生育期中熟，矮秆包节，耐肥抗倒，分蘖力中等，穗型大，丰产性好，适应性广，米质优，抗稻瘟病（其他病害抗性与对照相仿）。

适宜范围：适宜在浙江北部稻区作单季稻种植。

种植表现：余姚市 1999 年引入，区试亩产 656 千克，比甬粳 18 增产 9.4%；示范田亩产 587 千克，比甬粳 18 增产 19.4%。2000 年大田示范调查亩产 554.5 千克，临山华家村陈国明种植 30.8 亩，亩产达 625 千克。2001 年余姚市大面积种植 2.33 万亩，亩产 558.4 千克，分别比甬粳 18 增产 9.7%；其中五星村的双百工程示范方，面积 135 亩，实产 582 千克；高产户丰北旗山村毛洪芳 15 亩秀水 110，亩产 590 千克，双河蜀山村袁庆伟 3 亩秀水

110，亩产 632 千克。

秀水 110 的最大创新是植株呈半矮生型，穗部则为密穗型，以半矮生型之源供密穗型之库，把半矮生型矮秆包节、根系发达、后期转色好、灌浆质量高等特点（源足）与密穗型的穗大、粒多（库大）的优势有机结合，通过形态类型创新实现了源库优化。水稻株型育种是现代稻作科学研究领域中的一大热点，形态类型的创新对水稻品种的改良与增产发挥了巨大作用。

栽培要点：秀水 110 在余姚市作单季手插、抛秧、直播栽培，也作连晚抛栽培。秀水 110 单晚播种期以 5 月底至 6 月初为宜，亩用种量 2.5～3 千克，秧龄手插 30 天、抛秧 25 天左右。单季栽培肥料施用以平稳促进为宜，若前期氮肥过多易产生大量无效分蘖，形成"大棵削头稻"。因此应适当减少基肥、苗肥的用氮量，增加穗肥，控制后期氮肥用量。一般亩施基肥尿素 10 千克加磷肥 20 千克左右，插后 5～6 天亩施分蘖肥尿素 8～10 千克加氯化钾 7.5 千克，7 月底至 8 月初亩施尿素 8 千克、氯化钾 7.5 千克左右，以后一般不施氮肥。待每丛苗数达到 15 根左右即可搁田，先轻后重，直到下田不陷脚。8 月上中旬如发现叶片发黄、植株萎缩、根系腐烂的烂糊泥田，不管苗数多少应立即排水搁田，以消除毒害、增加通透性、促进根系生长，进而恢复植株正常生长。

连晚宜作手插栽培，6 月 22 日左右播种，亩用种量 4 千克、秧龄 35 天左右，最好能在 7 月底前移栽。同时该品种株矮而紧凑，应适当密植，增插苗数。生产上连晚也作抛秧栽培，亩用种量 5 千克，秧盘 100 盘，7 月 1～5 日播种，秧龄 25 天左右。由于本田生长期很短（半个月左右），肥料以基肥为主，追肥要早，8 月 10 日前施好，适当增施钾肥。由于该类品种苗期通气组织弱，活棵后要经常实田，增加土壤通气性，以促进根系深扎，进而促进植株生长。一旦发现叶子发黄，植株萎缩，立即排水实田。其次抽穗前 5～7 天（孕穗期）适当增加井冈霉素用量，结合防治纹枯病，兼防稻曲病。同时注意后期蚜虫的防治，并根据病虫情报做好病虫害防治。

推广情况：余姚市 1999 年引入，2000 年示范。2000 年余姚市种植业结构调整，水稻总面积减少，单季稻面积扩大，秀水 110 库大、源足、产量高正契合单季稻种植的需要。2001 年推广 3.0 万亩，2004 年推广面积最大为 6.5 万亩，在 2001—2005 年期间成为余姚市单季稻主推品种，同时在连作晚稻上搭配种植，随后被嘉花 1 号、秀水 09 等品种替代。2000—2006 年累计推广 24.1 万亩。一般产量水平 500 千克。

秀水 110 在余姚推广情况

单位：万亩

项目	年　份							小计
	2000	2001	2002	2003	2004	2005	2006	
面积	0.49	3.0	4.9	5.4	6.5	3.0	0.8	24.1

秀优 5 号

亲本来源：秀水 110A（♀）、秀恢 69（♂）

选育单位：嘉兴市农业科学研究院、浙江勿忘农种业集团有限公司

品种类型：粳型三系杂交水稻

适种地区：浙江、上海、江苏、湖北、安徽的稻瘟病轻发区

审定情况：2006 年浙江审定（编号：浙审稻 2006009）

产量表现：秀优 5 号经 2003 年浙江省单季杂交粳稻区试，平均亩产 552.5 千克，比对照甬优 3 号增产 8.4%，达显著水平。2004 年浙江省单季杂交粳稻区试，平均亩产 544.0 千克，比对照秀水 63 和甬优 3 号分别增产 5.7% 和 6.0%，均未达显著水平；两年平均亩产 548.3 千克，比对照甬优 3 号增产 7.2%。2005 年浙江省生产试验平均亩产 518.0 千克，比对照秀水 63 增产 4.3%。

特征特性：该组合两年浙江省区试平均全生育期 152.3 天，比对照甬优 3 号长 2.9 天。两年平均亩有效穗数 13.8 万，成穗率 63.4%，株高 110.2 厘米，穗长 18.9 厘米，每穗总粒数 185.5 粒，实粒数 162.8 粒，结实率 87.7%，千粒重 27.5 克。据浙江省农业

科学院植物保护与微生物研究所 2003—2004 年抗性鉴定结果，平均叶瘟 1.4 级，穗瘟 2.0 级，穗瘟损失率 2.5%；白叶枯病 3.5 级、褐稻虱 9.0 级。据 2003—2004 年农业部稻米及制品质量监督检验测试中心米质检测结果，平均整精米率 65.7%，长宽比 1.8，垩白粒率 45.2%，垩白度 10.1%，透明度 1.8 级，胶稠度 76.5 毫米，直链淀粉含量 16.6%。

审定意见： 该组合属中熟杂交晚粳类型，株型紧凑，生长清秀，分蘖力偏弱，植株较高，茎秆粗壮，抗倒伏性较强。穗大粒多，丰产性好。抗稻瘟病，中抗白叶枯病，高感褐稻虱。米质较优，食味好。适宜在浙江省晚粳稻地区作单季晚稻种植。栽培上注意适当增加落田苗。

种植表现： 余姚市 2003 年引入试种，单季品试平均亩产 647.9 千克，比对照甬优 1 号增产 7.1%，比晚稻当家品种甬粳 18 增产 14.8%；东北街道永丰村俞吉传农户示范 2.5 亩，实割亩产 623 千克。2004 年，分别在牟山镇胡家示范方示范 100 亩、东北街道永丰方示范方集中示范 516 亩，同时进行强化栽培、超高产栽培技术研究，示范和超高产研究取得了前所未有的好成绩。牟山镇胡家示范方示范 100 亩，平均亩产 605.4 千克；东北街道永丰示范方示范 516 亩，平均亩产 692.5 千克，分别比对照增产 11.6% 和 25%。超高产攻关田经中国水稻研究所、宁波市农办、农业局及余姚市有关专家联合实割验收：牟山镇李国富 2 亩，平均亩产 737.88 千克；东北街道永丰村俞吉传手插 2.5 亩，实割亩产 706.64 千克；直播 1.2 亩，亩产 763.98 千克，创下秀优 5 号全国南方稻区单晚最高纪录和余姚市单季晚稻高产之最。并吸引浙江省、宁波市、余姚市有关领导、专家和周边县市、余姚市农技干部、农户等 5 000 余人前来考察。浙江省、宁波两次新品种现场观摩会在余姚现场召开，该方、田荣获余姚市粮食高产方、田一等奖，宁波市方、田二等奖和杂交水稻超高产示范竞赛优胜单位。2005 年全市各乡镇（街道）示范面积扩大到 1 500 余亩，重点在东北街道永丰示范方示范 416 亩，临山示范方示范 113 亩。临山镇水稻强化栽培技术示范方作为省级水稻超高产技术示范观摩点之一，获得了浙江省内同行的一致好评。

推广情况： 2006 年推广 1.0 万亩，2007 年推广 1.23 万亩，随后随着籼粳杂交稻的崛起而减少直至退出。至 2009 年共推广 2.87 万亩。

秀优 5 号在余姚推广情况

单位：万亩

项目	年　份						小计
	2004	2005	2006	2007	2008	2009	
面积	0.06	0.15	1.0	1.23	0.2	0.23	2.87

嘉花 1 号（花育 1 号）

亲本来源： 秀水 11（♀）、秀水 344（♂）

选育单位： 浙江省嘉兴市农业科学研究院

品种类型： 粳型常规水稻

适种地区： 浙北、上海

审定情况： 2004 年浙江审定（编号：浙审稻 2004018）

品种来源： 秀水 11/秀水 34，经花药培育而成。

产量表现： 经 2001 年和 2002 年两年嘉兴市单季晚粳稻区试，平均亩产分别为 582.4 千克和 589.6 千克，比对照秀水 63 增产 5.72％和 3.07％，均达极显著水平，两年平均亩产 586.0 千克，比对照增产 4.36％。2003 年嘉兴市生产试验，平均亩产 523.9 千克，比对照秀水 63 增产 6.31％。

特征特性： 两年嘉兴市区试，平均生育期 158 天，比对照秀水 63 短 2 天，平均亩有效穗数 22.1 万，每穗总粒数 124 粒，结实率 92.5％，千粒重 25.8 克。据浙江省农业科学院植物保护与微生物研究所 2002 年鉴定结果，叶瘟平均级 5.4 级，穗瘟平均级 3.0 级，穗瘟损失率 3.5％，白叶枯病平均级 4.3 级。据 2001 年农业部稻米及制品质量监督检验测试中心分析结果，整精米率 74.9％，垩白粒率 6.0％，垩白度 0.8％，碱消值 7.0 级，胶稠度 72 毫米，直链淀粉含量 16.6％。

审定意见：该品种矮秆包节，耐肥抗倒，分蘖力中等，穗大粒多，米质优，丰产性好，稻瘟病抗性优于对照秀水 63。适宜在浙江北部及生态类似地区作晚粳稻种植。

种植表现：余姚市 2002 年引入，2002—2003 年两年试种，嘉花 1 号株型紧凑、茎秆粗壮、叶鞘包节、叶挺而色淡。作单季稻种植，株高 81 厘米左右，比甬粳 18 矮 8 厘米左右；耐肥抗倒伏性强，克服了大多品种作单季晚稻种植易倒伏的缺点。作连作种植，株高 73 厘米左右，比甬粳 18 矮 9 厘米左右，个体相对较小，增产潜力不大，提倡作单季栽培，但在后来的推广中农户也用来作连作栽培。嘉花 1 号属早熟晚粳类型，作单季种植 6 月 5 日播种，8 月 31 日始穗，9 月 3 日左右齐穗，10 月 25 日成熟，全生育期 142 天，比秀水 110 短 5 天，比甬粳 18 短 12 天左右；嘉花 1 号稻米外观和食味均佳，据中国水稻研究所检测，12 项品质指标中，10 项达部颁优质米一级标准。余姚市试种品尝，均一致反映口感佳。作单季种植产量比甬粳 18 增产，与秀水 110 接近或略增，同时由于早熟、抗倒伏、食味佳，逐步替代秀水 110 种植。

栽培要点：嘉花 1 号作单季稻栽培，方法可直播、抛秧，也可以作为手插栽培。单季栽培一般 5 月底至 6 月初播种，秧龄 1 个月以内。亩用种量手插 2.5 千克，抛秧、直播 4～5 千克；移栽活棵后浅水、实田（田边开细裂）相间。如 7 月底至 8 月上中旬产生植株发黄、萎缩应立即排水实田，以增强土壤通透性，促进根系深扎，从而促进地上部植株的生长。待亩苗数达 35 万（手插每丛约 18 本）左右时搁好田，以下田不陷脚为宜，孕穗、抽穗期保持田面有水、抽穗后干干湿湿。收获前 7 天断水；肥料以平稳施用为好，氮肥施用最迟在抽穗前 1 个月内结束（一般抽穗期 9 月 5 日左右）；根据病虫情报做好病虫害防治。

推广情况：2002 年引入，作单季种植产量比甬粳 18 增产，与秀水 110 接近或略增，同时由于早熟、抗倒伏、食味佳，2004 开始推广并逐步替代秀水 110 种植，2006 年种植面积最大为 5.2 万亩，后在秀水 09 推广时，嘉花 1 号仍搭配种植。2004—2011 年累计推广 29 万亩。一般产量水平 440～500 千克。

嘉花 1 号在余姚推广情况

单位：万亩

项目	年　份								小计
	2004	2005	2006	2007	2008	2009	2010	2011	
面积	2.64	4.3	5.2	4.8	3.6	6.6	0.83	1.04	29

秀水 09 (丙 02－09)

亲本来源：秀水 110/嘉粳 2717（♀）、秀水 110（♂）

选育单位：浙江省嘉兴市农业科学研究院

完成人：姚海根

品种类型：粳型常规水稻

适种地区：浙江、上海、江苏南部、湖北南部、安徽南部的稻瘟病轻发区

审定情况：2005 年浙江审定（编号：浙审稻 2005015）

产量表现： 经 2002 年、2003 年两年嘉兴市单季常规晚粳稻区试，平均亩产分别为 599.3 千克、560.1 千克，分别比对照秀水 63 增产 4.8%、8.0%，均达极显著水平，两年平均亩产 579.7 千克，比对照增产 6.3%。2004 年嘉兴市生产试验，平均亩产 612.3 千克，比对照秀水 63 增产 6.4%。

特征特性： 该品种两年嘉兴市单季常规晚粳稻区试平均全生育期 159 天，比对照秀水 63 长 1 天。两年区试平均亩有效穗数 21.9 万，每穗总粒数 118.6 粒，结实率 92.3%，千粒重 25.6 克。据 2003 年浙江省农业科学院植物保护与微生物研究所鉴定，平均叶瘟 0 级，穗瘟 0 级，穗瘟损失率 0.0%；白叶枯病 5.0 级；稻褐虱 7.0 级。据 2003 年农业部稻米及制品质量监督检验测试中心测定结果：整精米率 74.5%，长宽比 1.8，垩白粒率 12.0%，垩白度 2.3%，透明度 1.0 级，胶稠度 81.0 毫米，直链淀粉含量 17.9%。

审定意见： 秀水 09 属密穗型中熟晚粳品种，表现叶色青绿，

株叶挺拔，茎秆粗壮，株高适中，矮秆包节，耐肥抗倒，分蘖力较强，穗大粒多，米质优，丰产稳产性好，适应性较广，生育期适中，抗稻瘟病，中感白叶枯病，感褐稻虱。适宜在嘉兴及同类生态区作单季晚粳稻种植。

种植表现： 秀水 09 株型、长相、抗倒性、生育期基本与秀水110 相仿，但分蘖力更强，亩穗数多在 2 万左右。穗型中等，谷粒饱满，千粒重 26 克左右。米质优良。产量水平单晚栽培，一般亩产 550 千克左右，高产田块 600 千克以上。在平原稻区作单晚栽培，可直播、抛秧、手插，也可作连晚抛秧栽培。

栽培要点： 单晚播种期 6 月 10 日左右，亩用种量手插 3 千克，抛秧、直播适当增加；连晚抛秧 7 月初播种，亩用种量 5～6 千克，秧盘 120 张。浸种时务必采用浸种灵等药剂浸种，以防止恶苗病发生。单晚手插秧龄 25～30 天，抛秧 20 天左右，连晚宜在 7 月底抛栽。肥料施用：单季稻由于营养生长期长，宜采用平衡促进法，即少量多次施肥，后期看苗、看天酌情施用穗粒肥。连晚施肥宜"基肥为主，追肥要早"。7 月底至 8 月上中旬高温期间的水浆管理主要是及时实田、搁田，以增加土壤通气性，防止烂根死苗现象发生。病虫害防治应根据当地植保部门的防治意见进行防治。

推广情况： 余姚市 2004 年引入，2005 年示范，2006 年推广，推广面积最大年份 2009 年推广 8.8 万亩。2005—2011 年累计推广 33.3 万亩。一般产量水平 500 千克。

秀水 09 在余姚推广情况

单位：万亩

项目	年　份							小计
	2005	2006	2007	2008	2009	2010	2011	
面积	0.8	3.7	7.9	8.4	8.8	3.4	0.25	33.3

宁 88（宁 03-88）

亲本来源：宁 2-2/宁 98-56（♀）、秀水 110（♂）

选育单位：宁波市农业科学研究院

品种类型：粳型常规水稻

适种地区：宁波、绍兴地区

审定情况：2008 年浙江审定（编号：浙审稻 2008003）

产量表现：宁 88 经 2004 年宁波市单季晚粳稻区试，平均亩产 560.3 千克，比对照甬粳 18 增产 5.4%，达极显著水平；2005 年宁波市单季晚粳稻区试，平均亩产 517.8 千克，比对照甬粳 18 增产 4.8%，达极显著水平。两年市区试平均亩产 539.0 千克，比对照甬粳 18 增产 5.1%。2006 年宁波市生产试验，平均亩产 523.6 千克，比对照甬粳 18 增产 7.5%。2005 年参加绍兴市单季晚稻区试，平均亩产 493.7 千克，比对照秀水 63 增产 5.0%，增产达极显著水平；2006 年参加绍兴市单季晚稻区试，平均亩产 526.8 千克，比对照秀水 63 增产 3.6%。两年绍兴市区试平均亩产 510.3 千克，比对照秀水 63 增产 4.3%。

特征特性：该品种株型紧凑，株高适中，茎秆粗壮，剑叶挺直。抽穗整齐，半弯穗型，着粒较密，无芒。灌浆速度快，结实率高，穗基部充实度好，谷粒阔卵形、饱满。前期叶色浓绿，后期根系活力强，青秆黄熟。两年宁波市区试平均全生育期 145.4 天，比对照甬粳 18 短 1.1 天；平均亩有效穗数 21.8 万，成穗率 77.6%，株高 94.4 厘米，穗长 15.9 厘米，每穗总粒数 122.5 粒，实粒数 109.9 粒，结实率 89.7%，千粒重 26.6 克。经浙江省农业科学院植物保护与微生物研究所 2005—2006 年抗性鉴定，平均叶瘟 5.3 级，穗瘟 5.0 级，穗瘟损失率 21.1%；白叶枯病 5 级，褐稻虱 9 级。经农业部稻米及制品质量监督检测中心 2005—2006 年米质检测，平均整精米率 67.4%，长宽比 1.8，垩白粒率 48.0%，垩白度 5.8%，透明度 2 级，胶稠度 70 毫米，直链淀粉含量 15.4%，两年米质指标分别达到部颁食用稻品种品质等外和 2 等。

栽培注意要点：注意稻瘟病和褐稻虱的防治。

审定意见：该品种属中熟晚粳稻，茎秆粗壮，抗倒伏性较强。青秆黄熟，丰产性好，米质较优。中感稻瘟病，中抗白叶枯病，感褐稻虱。适宜在宁波、绍兴地区作单季稻种植。

种植表现：余姚市 2004 年引入，经多年多种栽培方式试验，宁 88 穗型大、感光性强、秧龄弹性大，非常适合单季机插、连晚机插；但宁 88 抗倒伏性一般，单季直播、连晚抛秧有倒伏风险。宁 88 单季机插、连晚机插表现最好，居多年参试品种首位。如 2009 年单季机插试验，平均亩产 564.8 千克，比秀水 09 增产 6.54；如 2009 年连晚机插试验，平均亩产 444.3 千克，比秀水 09 增产 2.6%。宁 88 无论在单季机插还是连作机插中发挥了重要作用，目前单季品种中由于有超高产的籼粳杂交稻和非常适合直播的秀水 134，宁 88 的作用在单季生产中减弱，但宁 88 仍是目前余姚市连晚主要品种。

栽培要点：主要作单晚、连晚机插栽培，也可作单晚直播。单晚机插 5 月底播种，20 天左右秧龄；直播推迟至 6 月 10 日左右；连晚机插 7 月 1～5 日。用种量单晚直播 3～3.5 千克；单晚机插 3～3.5 千克、亩播秧盘 30 张；连晚机插 5～6 千克，亩播秧盘 40 张左右。单晚机插 30 厘米×16 厘米，连晚机插 25 厘米×14 厘米。浸种时务必采用药剂浸种，以防止恶苗病发生。单季稻由于营养生长期长，宜采用平衡促进法。免耕直播田由于土壤保肥性差，基肥可适量少施，基肥种类以复合肥为好。具体施肥方法（机插）：基肥亩施复合肥 25 千克左右；插后 7 天施尿素 7.5 千克，插后 15 天施尿素 7.5 千克；7 月底至 8 月初施复合肥 15 千克；8 月 20 日左右根据叶色酌情施粒肥；以后一般不再施用氮肥，以防后期苗色过嫩，诱发灰飞虱危害。连晚栽培由于营养生长期显著缩短，有的甚至营养生长与生殖生长同步进行，因此肥料强调以基肥为主，追肥要早。一般亩施基肥碳酸氢铵 40～50 千克，活棵后亩施尿素 10 千克、氯化钾 7.5 千克，8 月底看苗补施复合肥 15 千克左右。此外，病、虫害防治应根据当地植保部门的防治意见进行防治。

推广情况：余姚市自 2004 年引入，经多年试种示范，宁 88 穗大，作机插栽培优于其他常规稻品种。2008 年开始推广，2010 年起与秀水 134 一起主导余姚市晚稻生产，尤其在连作稻机插中发挥了重要作用。2008—2018 年累计推广 76.7 万亩。一般亩产水平单季 550 千克、连作 450 千克。

宁 88 在余姚推广情况

单位：万亩

项目	年 份											小计
	2008	2009	2010	2011	2012	2013	2014	2015	2016	2017	2018	
面积	1.71	3.9	7.5	8.15	8.61	9.89	9.38	7.62	5.11	7.35	7.44	76.7

秀水 134（丙 06-134）

亲本来源：丙 95-59//测 212/RHT（♀）、丙 03-123（♂）

选育单位：嘉兴市农业科学研究院、中国科学院遗传与发育生物学研究所、浙江嘉兴农作物高新技术育种中心、余姚市种子管理站

完成人：姚海根、姚坚、储成才、虞振先、钟志明

品种类型：粳型常规水稻

审定情况：2010 年浙江审定（编号：浙审稻 2010003）

产量表现：秀水 134 经 2008 年浙江省单季常规晚粳稻区试，平均亩产 555.0 千克，比对照秀水 09 增产 8.8％，达极显著水平；2009 年浙江省单季常规晚粳稻区试，平均亩产 559.7 千克，比对照秀水 09 增产 8.6％，达显著水平；两年浙江省区试平均亩产 557.4 千克，比对照增产 8.7％。2009 年浙江省生产试验平均亩产 587.5 千克，比对照增产 10.1％。

特征特性：该品种生长整齐，株高适中，株型较紧凑，剑叶较短挺，叶色中绿，茎秆粗壮，叶鞘包节；分蘖力中等，穗直立，穗型较大，着粒较密；谷壳较黄亮，偶有褐斑，无芒，颖尖无色，谷粒椭圆形。两年平均全生育期 152.2 天，比对照长 0.5 天；平均株高 97.0 厘米，亩有效穗数 16.8 万，成穗率 73.8％，穗长 16.2 厘米，每穗总粒数 143.9 粒，实粒数 131.7 粒，结实率 91.6％，千粒重 26.1 克。经浙江省农业科学院植物保护与微生物研究所 2008—2009

年抗性鉴定，平均叶瘟 0 级，穗瘟 2.1 级，穗瘟损失率 0.9％，综合指数分别为 0.7 和 1.3；白叶枯病 3.0 级，褐稻虱 8.0 级。经农业部稻米及制品质量监督检测中心 2008—2009 年两年米质检测，平均整精米率 72.5％，长宽比 1.7，垩白粒率 27.0％，垩白度 4.0％，透明度 2 级，胶稠度 70 毫米，直链淀粉含量 16.6％，其两年米质各项指标分别达到食用稻品种品质部颁 4 等和 2 等。

栽培注意要点：注意稻曲病的防治。

审定意见：秀水 134 属中熟常规晚粳稻，茎秆粗壮，抗倒伏性较强；感光性强，生育期适中，分蘖力中等，穗型较大。丰产性较好。后期转色好。抗稻瘟病、中抗白叶枯病、中感条纹叶枯病，感褐稻虱。适宜在浙江省粳稻区作单季稻种植。

种植表现：余姚市 2007 年引入，经多年多种栽培方式试验，秀水 134 单季直播、连晚抛秧表现最好，居多年参试品种首位。如 2009 年单季直播试验，平均亩产 625.41 千克，比秀水 09 增产 9.7％；如 2008 年连作抛秧试验，平均亩产 512.3 千克，比秀水 09 增产 11.24％，比宁 88 略增。2009 年牟山 1 265 亩连作晚稻抛秧示范方，经浙江省科技厅实产验收平均亩产 631.6 千克；最高田块 1.11 亩，亩产 677.5 千克。2009 年陆埠郭姆村 268.4 亩示范方，经宁波市科技和信息局实产验收，平均亩产 593.2 千克；最高田块 2.2 亩，平均亩产 616.5 千克。单季机插、连晚机插栽培方式下产量比宁 88 低；后随着 7 寸插秧机的发展，秀水 134 作单季机插也能获得高产；但由于秀水 134 作连作栽培植株变矮，个体较小，作连晚机插仍不理想。秀水 134 抗倒伏性好，经多年种植，在台风灾害等气候考验下，秀水 134 是目前常规粳稻中抗倒伏性最好的品种，最适合单季直播、连晚抛秧等轻简栽培。秀水 134 稻瘟病抗性好，亦是目前粳稻品种中稻瘟病抗性最好的品种，在 2014 年、2015 年宁绍、杭嘉湖地区普发稻瘟病、个别品种重发生时，秀水 134 表现极好的抗性。

栽培要点：宜作平原稻区单晚直播（包括免耕直播）和连晚抛秧栽培。单晚直播 6 月 10 日左右，亩用种量 3～3.5 千克；单晚机插 6 月初播种，6 月 20 日左右机插，亩用种量 3～3.5 千克，9 寸机亩播 30～35 盘机插密度 30 厘米×14 厘米，7 寸机 35～40 盘机插密度 25 厘米×16 厘米。连晚抛秧 7 月初播种，亩用种量 6 千克，秧盘 120 张左右。浸种时务必采用药剂浸种，以防止恶苗病发生。单季适当减少基肥用量，免耕直播田由于土壤保肥性差，基肥更可适量少施，基肥种类以复合肥为好。一般亩施复合肥 15 千克左右，在秧苗二叶一心后结合秧板上水，亩施尿素 3 千克左右，在第一次追肥后 15～20 天亩施尿素 7.5 千克、氯化钾 5 千克左右，8 月初亩施促花肥尿素 10 千克、氯化钾 5 千克左右，8 月 25 日左右看苗亩施复合肥 15 千克，以后一般不再施用氮肥，以防后期苗色过嫩，诱发灰飞虱危害。连晚栽培由于营养生长期显著缩短，有的甚至营养生长与生殖生长同步进行，因此肥料强调以基肥为主，追肥要早。一般亩施基肥碳酸氢铵 40～50 千克，活棵后亩施尿素 10 千克、氯化钾 7.5 千克，8 月底看苗补施复合肥 15 千克左右。在 8 月高温期间的水浆管理主要是及时实田、搁田，以增加土壤通气性，防止烂根、死苗现象发生。根据病虫情报做好病虫害防治。

推广情况： 余姚市经 2007—2009 年试种示范，秀水 134 表现高产、稳产、抗逆性好，非常适合单季直播、连晚抛秧，2010 年迅速推广至 9.63 万亩，成为余姚市推广面积最大的晚稻品种。2010 年、2011 年、2012 年，与宁 88 一起主导余姚市晚稻生产，并以秀水 134 为主。2013 年后继续与宁 88 一起主导余姚市晚稻生产，同时由于水稻机插面积扩大以及近年抛秧栽培逐步退出生产，在连作晚稻应用上面积减少，总面积也逊于宁 88。2009—2018 年累计推广 74.1 万亩。一般亩产水平单季 550 千克、连作 450 千克。

秀水 134 在余姚推广情况

单位：万亩

项目	年 份										小计
---	2009	2010	2011	2012	2013	2014	2015	2016	2017	2018	
面积	0.25	9.63	12.2	11.98	9.78	5.5	5.24	6.42	7.20	5.94	74.1

| 嘉禾218 |

亲本来源：JS2/C211//J28（♀）、嘉禾212（♂）

选育单位：嘉兴市农业科学研究院、中国水稻研究所

品种类型：粳型常规水稻

审定情况：2007年浙江审定（编号：浙审稻2007004）

产量表现：嘉禾218经2004—2005年嘉兴市单季晚粳稻区试，平均亩产分别为535.6千克和503.9千克，分别比对照秀水63减产4.2%和增产0.1%，分别达极显著和未达显著水平；两年市区试平均亩产519.8千克，比对照秀水63减产2.1%。2006年余姚市生产试验平均亩产564.2千克，比对照秀水63增产1.3%。

特征特性：该品种叶色浓绿，叶片较长，剑叶上举；生长整齐，茎秆粗壮、包节；穗呈弯勾型，叶下禾，谷粒长，谷色黄，颖尖偶有短芒，着粒较稀，易落粒。嘉兴市两年区试平均全生育期155.0天，比对照短5.0天；平均亩有效穗数19.6万，成穗率70.0%，株高92.3厘米，穗长18.5厘米，每穗总粒数112.5粒，实粒数97.3粒，结实率86.5%，千粒重29.2克。经浙江省农业科学院植物保护与微生物研究所2005—2006年抗性鉴定，两年平均叶瘟0.3级，穗瘟2.8级，穗瘟损失率4.1%；白叶枯病7.0级；褐稻虱8.0级。经农业部稻米及制品质量监督检验测试中心2004—2005年米质检测，平均整精米率57.7%，长宽比3.0，垩白粒率7.0%，垩白度0.9%，透明度1.5级，胶稠度73.0毫米，直链淀粉含量14.9%，其两年米质指标分别达到部颁食用稻品种品质3等和4等。

栽培注意要点：适当密植，后期断水不宜过早。注意白叶枯病和褐稻虱防治。

审定意见：该品种属半矮生型早熟晚粳稻，表现株高适中，株型较紧凑，分蘖力与穗型中等，结实率好，千粒重高，粒型偏长。抗稻瘟病，感白叶枯病和褐稻虱。米质较优。适宜在嘉兴地区作单季晚稻种植。

种植表现：余姚市 2008 年引入。该品种属半矮生型早熟晚粳稻，表现株高适中，株型较紧凑，分蘖力与穗型中等，结实率高，千粒重高，粒型偏长。抗稻瘟病，感白叶枯病和褐稻虱。米质较优，深受部分农户喜欢，作为自留粮种植，2012 年开始发展面积较大，当前余姚市农户作为自留粮或作为优质米开发品种种植。该品种刚引进时产量水平一般，亩产只有 450 千克左右，经过多年种植，改进栽培方式，产量水平接近常规粳稻，如 2012 年低塘谬世灶种植 22 亩，平均亩产达 610 千克。该品种最大优点是米粒外观好、米质优，谷粒偏长，粒大，千粒重达 29 克，米饭蒸煮性状好，米饭洁白，长而松软。该品种叶色浓绿，叶片较长，剑叶上举；生长整齐，茎秆粗壮，包节；穗呈弯钩形，叶下禾，谷粒长，谷色黄，颖尖偶有短芒，着粒较稀，易落粒。植株高度 90 厘米左右；分蘖力强，亩有效穗数一般在 19 万左右；每穗总粒数、实粒数分别为 110粒、100 粒左右。该品种熟期较早，一般作单季种植，6 月初播种，10 月 25 日前可以收获。但该品种感光性不强，作连晚种植，若插种偏迟或遇 9 月气温偏低的情况包颈严重。因此建议作单晚种植，如作连作种植，插种一定要早，最好在 7 月 20 日前插种。

栽培要点：适宜种植方式：单季机插、直播。

①用种量。单季机插亩用种量 3.5 千克，5 月底播种，亩播 30盘左右，插种规格 30 厘米×14 厘米或 25 厘米×16 厘米。单季直播亩用种量 3 千克，6 月 5 日左右直播。浸种时务必采用药剂浸种，以防止恶苗病发生。

②肥水管理。基肥亩施复合肥 15 千克左右。机插栽培在栽后 7天及 14 天各放干田水实田一次，促进分蘖、防治基腐病。结合复水施追肥，第一次亩施尿素 7.5 千克，第二次亩施尿素 7.5 千克、氯化钾 7.5 千克。直播栽培在秧苗二叶一心后结合秧板上水，亩施尿素 3千克左右，在第一次追肥后 15～20 天亩施尿素 7.5 千克、氯化钾 5千克左右。8 月 25 日左右施穗肥复合肥 15 千克。拔节期搁田，分次轻搁，孕穗至抽穗期薄水养胎，灌浆成熟期干湿交替，每隔 7～10天灌跑马水，养根保鞘，收割前 7～10 天断水，严禁断水过早。此

外，病、虫害防治应根据当地植保部门的防治意见进行防治。

推广情况：余姚市 2008 年引入，虽然产量一般但米质优，农户作为留粮种植。2012 年开始发展面积较大，并经栽培技术研究产量水平增高。当前余姚市农户作为自留粮或作为优质米开发品种种植。2015 年推广面积最大为 1.71 万亩，2012—2018 年累计推广 7.28 万亩。

嘉禾 218 在余姚推广情况

单位：万亩

项目	年　份							小计
	2012	2013	2014	2015	2016	2017	2018	
面积	0.1	0.71	1.27	1.71	1.22	1.10	1.17	7.28

宁 84（宁 10 - 84）

亲本来源：鉴 6（♀）、秀水 12（♂）

选育单位：宁波市农业科学研究院

完成人：陈国、叶朝辉、黄宣、金林灿、施贤波

品种类型：粳型常规水稻

审定情况：2015 年浙江审定（编号：浙审稻 2015004）

产量表现：宁 84 经 2012 年浙江省单季晚粳稻区试，平均亩产 637.7 千克，比对照秀水 09 增产 9.6%，达极显著水平；2013 年浙江省单季晚粳稻区试，平均亩产 609.4 千克，比对照秀水 09 增产 3.0%，未达显著水平。两年浙江省区试平均亩产 623.6 千克，比对照秀水 09 增产 6.3%。2014 年省生产试验，平均亩产 646.5 千克，比对照秀水 09 增产 9.4%。

特征特性：该品种株高适中，株型紧凑，分蘖力强，剑叶短挺，叶色淡绿，穗大粒多，着粒紧密，谷壳黄亮，颖尖紫色，谷粒椭圆形。两年平均全生育期 156.8 天，比对照长 2.9 天。亩有效穗数 20.4 万，成穗率 70.4%，株高 97.7 厘米，穗长 15.6 厘米，每穗总粒数 129.8 粒，实粒数 121.6 粒，结实率 93.6%，千粒重

25.7 克。经浙江省农业科学院植物保护与微生物研究所 2012—2013 年抗性鉴定,平均叶瘟 0.0 级,穗瘟 1.5 级,穗瘟损失率 1.3%,综合指数为 0.9;白叶枯病 2.8 级;褐稻虱 7 级。经农业部稻米及制品质量监督检测中心 2012—2013 年检测,平均整精米率 73.9%,长宽比 1.8,垩白粒率 31.0%,垩白度 3.0%,透明度 2 级,胶稠度 72.5 毫米,直链淀粉含量 16.7%,两年米质分别达到食用稻品种品质部颁 3 等和 2 等。

栽培注意要点:适时早播。合理密植,亩插 1.5 万～1.8 万丛。

审定意见:宁 84 属中熟粳型常规晚稻,生长整齐一致,长势繁茂,分蘖力较强,穗大粒多,结实率高,丰产性较好。后期青秆黄熟。米质优。抗稻瘟病,中感白叶枯病,感褐稻虱。适宜在浙江省作单季晚稻种植。

种植表现:余姚市 2011 年引入试种,2012—2014 年试验示范,2015 年推广。品种特点:该品种株高适中,株型紧凑,分蘖力强,剑叶短挺,叶色淡绿,穗大粒多,着粒紧密,谷壳黄亮,颖尖紫色,谷粒椭圆形,抗倒伏性好。该品种前期表现一般。株高一般,整齐度一般,根系活力一般,在露田、搁田措施不佳的情况下易发基腐病,且抽穗迟。但若前期水浆管理到位,该品种有较大的产量潜力,表现为:①分蘖强。抽穗后田间有效穗明显多于其他常规粳稻品种。②千粒重高。虽然抽穗迟,但该品种灌浆快、结实率高、谷粒饱满、谷色黄亮,千粒重达 29 克。该品种稻瘟病与宁 88 相仿。2014 年、2015 年个别田块有零星谷粒瘟。该品种由于抽穗迟,不适宜作连作稻种植。

栽培要点:主要作单晚,可以单晚直播、单晚机插。单晚机插 5 月 25 日左右播种,20 天左右秧龄;直播 6 月 5 日左右播种。亩用种量单晚直播 3～3.5 千克;单晚机插 3～3.5 千克、亩播秧盘 30 张,单晚机插 30 厘米×16 厘米。浸种时务必采用药剂浸种,以防止恶苗病发生。苗期、分蘖期正处于夏季高温闷热天气,易造成晚稻基腐病发生,该品种又易发基腐病,因此务必做好排水露田、搁田工作,加强土壤通透性，增强宁84根系活力。单季稻由于营养生长期长，宜采用平衡促进法。免耕直播田由于土壤保肥性差，基肥可适量少施，基肥种类以复合肥为好。具体施肥方法：机插基肥亩施复合肥25千克左右，插后7天施尿素7.5千克，插后15天施尿素7.5千克，7月底至8月初施复合肥15千克，8月20日左右根据叶色酌情施粒肥。直播基肥亩施复合肥15千克左右，在秧苗二叶一心后结合秧板上水，亩施尿素3千克左右，在第一次追肥后15～20天亩施尿素7.5千克、氯化钾5千克左右，8月初亩施促花肥尿素10千克、氯化钾5千克左右，8月25日左右看苗亩施复合肥15千克。以后一般不再施用氮肥，以防后期苗色过嫩，诱发灰飞虱危害。此外，病、虫害防治应根据当地植保部门的防治意见进行防治。

推广情况：余姚市2011年引入试种，2012—2014年试验示范，2015年推广，推广面积1.78万亩，为推广面积最大年份。但2015年夏季高温，不少农户由于水浆管理不到位，水稻发生基腐病，尤以宁84为重，因此以后年份面积反而减少，管理水平到位的农户仍喜种该品种。2015—2018年累计推广3.02万亩。

宁84在余姚推广情况

单位：万亩

项目	年 份				小计
	2015	2016	2017	2018	
面积	1.78	0.30	0.59	0.35	3.02

甬优 12

亲本来源：甬粳2号A（♀）、F5032（♂）

选育单位：宁波市农业科学研究院、宁波市种子有限公司、上虞市舜达种子有限责任公司

完成人：马荣荣、王晓燕、陆永法、李信年、周华成、章志远、蔡克锋、华国来

品种类型：粳型三系杂交水稻

审定情况： 2010 年浙江审定（编号：浙审稻 2010015）

产量表现： 甬优 12 经 2007 年浙江省单季杂交晚粳稻区试，平均亩产 554.6 千克，比对照秀水 09 增产 11.3%，未达显著水平；2008 年浙江省单季杂交晚粳稻区试，平均亩产 576.1 千克，比对照秀水 09 增产 21.4%，达极显著水平；两年浙江省区试平均亩产 565.4 千克，比对照增产 16.2%。2009 年浙江省生产试验平均亩产 603.7 千克，比对照增产 22.7%。

特征特性： 该组合生长整齐，株高较高，株型较紧凑，剑叶挺直而内卷，叶色浓绿，茎秆粗壮；分蘖力中等，穗大粒多，着粒密，穗基部枝梗散生；谷壳黄亮，偶有顶芒，颖尖无色，谷粒短圆形。两年平均全生育期 154.1 天，比对照长 7.3 天；平均株高 120.9 厘米，亩有效穗数 12.3 万，成穗率 57.1%，穗长 20.7 厘米，每穗总粒数 327.0 粒，实粒数 236.8 粒，结实率 72.4%，千粒重 22.5 克。经浙江省农业科学院植物保护与微生物研究所 2007—2008 年两年抗性鉴定，平均叶瘟 2.2 级，穗瘟 3.1 级，穗瘟损失率 4.1%，综合指数分别为 1.9 和 3.2；白叶枯病 3.5 级，褐稻虱 7.0 级。经农业部稻米及制品质量监督检测中心 2007—2008 年两年米质检测，平均整精米率 68.8%，长宽比 2.1，垩白粒率 29.7%，垩白度 5.1%，透明度 3 级，胶稠度 75.0 毫米，直链淀粉含量 14.7%，其两年米质指标分别达到食用稻品种品质部颁 5 等和 4 等。

栽培注意要点： 适当控制基本苗和氮肥用量，加强对稻曲病的防治。

审定意见： 甬优 12 属迟熟三系籼粳杂交稻，茎秆粗壮，抗倒伏性较强；感光性强，生育期长；分蘖力中等，穗大粒多。丰产性好。米质中等。中抗稻瘟病和条纹叶枯病，中感白叶枯病，感褐稻虱。适宜在浙江省钱塘江以南作单季稻种植。

种植表现： 余姚市 2007 年开始试种，2009 年较大面积示范。其中 2009 年甬优系列品种比较试验中产量达 783.8 千克，比对照甬优 1 号增产 36.1%；直播、手插、机插示范产量分别达 668.1 千克、800.4 千克、776.9 千克，分别比对照甬优 8 号增产 7.4%、

32.6%、21.4%；2012 年余姚市种子管理站陆埠基地甬优 12 示范方经宁波市农业局示范方双千验收，百亩方产量为 729.1 千克。甬优 12 频创高产纪录，2012 年宁波鄞州百亩方亩产 963.65 千克，最高田块 1 014.13 千克，创全国纪录。2016 年浙江单季晚稻亩产创新高，百亩方平均亩产 970.7 千克，高产攻关田亩产 1 024.1 千克，品种仍为甬优 12。2011 年余姚市种子管理站的陆埠基地生产试验亩产 895 千克，余姚市农户种植产量 900 千克以上的经常出现。甬优 12 是余姚推广的第一个籼粳杂交稻品种（甬优 6 号是第一只籼粳交品种，余姚市进行了试种和示范，但由于生育期长未推广）；甬优 12 的推广极大地提高了余姚市单季晚稻生产水平；甬优 12 的推广改变了余姚单季稻种植，5 月底至 6 月初播种的种植习惯改变为机插在 5 月中旬、直播在 5 月下旬播种。甬优 12 为大穗型组合，每穗总粒 350 粒左右，实粒 300 粒左右。甬优 12 为中迟熟晚稻。甬优 12 试种推广初期，受传统种植习惯影响，5 月底、6 月初播种，至 11 月下旬才成熟。后随着栽培技术改进，一般在余姚 5 月 10～15 日播种，9 月 5～10 日始齐穗，11 月 15 日左右成熟。该品种根系发达，茎秆粗壮，叶鞘厚重，抱握力强，抱握面大，紧裹节间，地上伸长节间 6 个。叶片厚、挺，长度适中，叶角小，叶脉粗壮、发达，叶色翠绿，叶鞘叶缘绿色，转色顺畅，熟相清秀。一次枝梗发达。单穗一次枝梗分生量可达 23 个以上。穗型乳熟前直立，腊熟后下弯，着粒密。中抗稻瘟病，中感白叶枯病。甬优 12 虽然株高在 1.20 米左右，但由于茎秆粗壮而坚韧，因而抗倒伏性极强。

栽培要点：适宜种植方式为单晚机插、直播、手插。

推广前期提倡的栽培技术为：①用种量和播种期。亩用种量手插 0.5 千克，机插 1.25 千克。适宜播种期 5 月底、6 月初。②稀播壮秧。手插亩秧田播种量 7.5 千克，机插每秧盘播种子不超 50 克，并在一叶一心期喷多效唑促壮。③秧龄与密度。手插秧龄 20 天，机插 18 天左右。密度手插 23.3 厘米×26.7 厘米，每丛基本苗 1～2 本，机插 30 厘米×（16～18）厘米。④增施磷、钾肥。亩施纯氮控制在 14 千克（相当于 30 千克尿素）、过磷酸钙 30 千克、氯化钾 20 千克。方法以平稳促进为宜。穗肥用量氮肥控制在总量的 15%～20%、钾肥 40%左右。⑤水浆管理。与其他品种基本相仿，但由于该品种株高叶大，水分消耗大，后期切忌断水过早。⑥抓好稻曲病的防治。在控制后期氮肥的同时，抽穗前 7 天左右，结合纹枯病的防治可加大井冈霉素用量来兼治稻曲病。其他如螟虫、纵卷叶螟、稻飞虱等防治与同熟制的同类品种相同。

技术改进后的栽培技术为：①净化土壤。播种或移栽前 20 天翻耕大田，促进田间残留物及杂草充分烂透。②播种期播种量。手拔秧：5 月上中旬播种。本田亩用种量 0.5 千克，秧田亩播种量 6 千克。手插移栽密度 26.7 厘米×（23.3～26.7）厘米，每丛插 2 本。秧龄 20～22 天（甬优系列杂交品种由于插种密度小，亩插 1 万丛左右，手插也比较快，目前手插重新被部分农户接受）。机插秧：5 月 10～15 日播种。机插秧每盘播 50～75 克种子（折合干种子，最多不要超过 75 克）。机插密度 30 厘米×21 厘米，亩插 15 盘左右，增加预备秧 2 盘。亩用种量控制在 1 千克左右。秧龄 20 天以内。直播：5 月 20 日左右。直播亩播种量控制在 0.75～0.9 千克。做好鼠雀草害防治和全苗齐苗工作。③科学管理。秧田期，一叶一心期喷 200 毫克/千克多效唑；秧田肥水双促，严防蓟马和飞虱，防止病毒病。大田、中等肥力田块亩施纯氮 15～17 千克，最高不超过 19 千克，氮：磷：钾比例为 1：0.6：1，基：蘖：穗肥比例氮肥为 4：4：2，钾肥为 2：4：4，磷肥主要作基肥施用。分蘖肥在栽后 10 天及 20 天各施一次，穗肥在幼穗分化时施入。采用好气灌溉法，栽后 7 天和 14 天各放干田水实田一次，促进分蘖、防治基腐病。拔节期搁田，分次轻搁，孕穗至抽穗期薄水养胎，灌浆成熟期干湿交替，每隔 7～10 天灌跑马水，养根保鞘，收割前 7～10 天断水，严禁断水过早。根据余姚市植保站"病虫情报"资料及时做好病虫害防治，稻曲病须在孕穗末期至破口期用对口药剂防治 2 次。药剂情况：25%氰烯菌酯（亮地等）2 000 倍液浸种；10%阿维·甲虫肼 80 毫升或 34%乙多·甲氧虫 30 毫升防二化螟，前期失治的重发田块建议再加适量阿维菌素或甲维盐以提高防效；24％噻呋酰胺 20 毫升防治纹枯病；32.5％苯甲·嘧菌酯 40 毫升防纹枯病或穗期综合征；60％吡蚜酮 16 克防治稻飞虱；三环唑防稻瘟病。成熟度要求达到 90％以上谷粒黄熟。

推广情况：余姚市 2007 年引入试种，2009 年示范，2010 年开始推广。2011 年推广面积最大为 2.74 万亩，后随着高产又熟期较早的甬优 538 的出现，面积减少，但一直作为余姚市单季稻主推品种种植。2010—2018 年累计推广 9.6 万亩。

甬优 12 在余姚推广情况

单位：万亩

项目	年 份									小计
	2010	2011	2012	2013	2014	2015	2016	2017	2018	
面积	0.79	2.74	0.89	0.90	1.46	0.49	1.11	0.74	0.48	9.6

甬优 15（06G370）

亲本来源：京双 A（♀）、F5032（♂）

选育单位：宁波市农业科学研究院作物研究所、宁波市种子有限公司

品种类型：籼型三系杂交水稻

审定情况：2012 年浙江审定（编号：浙审稻 2012017）

产量表现：甬优 15 经 2008 年浙江省单季杂交籼稻区试，平均亩产 591.8 千克，比对照两优培九增产 6.7％，达显著水平；2009 年浙江省单季杂交籼稻区试，平均亩产 602.4 千克，比对照两优培九增产 10.6％，达极显著水平；两年浙江省区试平均亩产 597.1 千克，比对照增产 8.6％。2011 年浙江省生产试验平均亩产 634.5 千克，比对照增产 9.2％。

特征特性：该组合植株较高，株型适中，剑叶挺直，略微卷，叶色深绿，茎秆粗壮；分蘖力较弱，穗型大，着粒较密，一次枝梗多；谷色黄亮，有顶芒，谷粒椭圆形，稃尖无色。两年区试平均全生育期 138.7 天，比对照长 3.1 天；平均株高 127.9 厘米，亩有效

穗数 11.9 万，成穗率 60.8%，穗长 24.8 厘米，每穗总粒数 235.1 粒，实粒数 184.4 粒，结实率 78.5%，千粒重 28.9 克。经浙江省农业科学院植物保护与微生物研究所 2008—2009 年两年抗性鉴定结果，平均叶瘟 0.3 级，穗瘟 6.5 级，穗瘟损失率 2.4%，综合指数为 1.6；白叶枯病 6.0 级；褐稻虱 9 级。经农业部稻米及制品质量监督检测中心 2008—2009 年米质检测，两年平均整精米率 63.8%，长宽比 2.6，垩白粒率 16.0%，垩白度 3.0%，透明度 2 级，胶稠度 84 毫米，直链淀粉含量 14.1%，其两年米质各项指标分别达到食用稻品种品质部颁 3 等和 4 等。

栽培注意要点：后期忌断水过早，注意稻曲病的防治。

审定意见：该组合属籼粳交偏籼型三系杂交稻，茎秆坚韧，抗倒伏性较好；穗大粒多，青秆黄熟。丰产性好，米质较优。抗稻瘟病，感白叶枯病和褐稻虱。适宜在浙江省作单季稻种植。

种植表现：余姚市 2010 年引入试种，2011 年多点示范，2012 年开始推广。表现产量水平较高，一般亩产 650 千克，高的可达 700 千克以上；熟期早，一般 10 月 25 日左右成熟；米质优，米粒外观晶莹透亮，谷粒大，千粒重 28.9 克；米粒长，长宽比 2.6，是一个长粒优质米品种。2017 年、2018 年均被评为"浙江十大好稻米"，2017 年荣登榜首；在第二届全国稻渔综合种养产业发展论坛暨 2018 年度稻渔综合种养模式创新大赛和优质渔米评比推介活动中，余姚市鼎绿生态农庄有限公司优质渔米荣获评比推介活动籼米金奖。

栽培要点：宜作单季稻机插、手插、直播栽培。手插栽培：5 月 15 日左右播种；本田亩用种量 0.5 千克，秧田亩播种量 6 千克；手插移栽密度 25 厘米×25 厘米左右，2 本插，秧龄 20～22 天。机插栽培：一般 5 月 20 日左右播种，20 天左右秧龄；亩用种量 1 千克左右；插种密度 30 厘米×21 厘米左右。适当控制氮肥，增加磷、钾肥，一般亩施氮肥（以尿素计）不超过 30 千克、过磷酸钙 30 千克、氯化钾 15 千克左右。方法：磷肥作基肥一次性施入，前期平稳促进，穗肥适当多施，控制后期氮肥用量，以免后期贪青和诱发病害。若作直播栽培：需控制用种量，防过密而倒伏。用种量

0.75～1千克，5月底直播。并控制穗肥用量。水浆管理与同类品种相仿，病虫害参照当地植保部门发布的"病虫防治情报"。

推广情况：余姚市自2012年推广以来，农户以自己食用和优质米自销进行种植，面积虽不大只有0.2万亩左右，但一直作为优质米搭配种植。随着人们对稻米品质要求的提高，2017年开始种植面积呈上升趋势，2017年面积0.46万亩，2018年面积1.01万亩，今后有扩大趋势。

甬优15在余姚推广情况

单位：万亩

项目	年　份							小计
	2012	2013	2014	2015	2016	2017	2018	
面积	0.17	0.19	0.21	0.13	0.24	0.46	1.01	2.41

▌甬优538▐

亲本来源：甬粳3号A（♀）、F7538（♂）

选育单位：宁波市种子有限公司

完成人：马荣荣、王晓燕、陆永法、李信年、周华成、蔡克锋、唐志明

品种类型：籼粳交三系杂交水稻

审定情况：2013年浙江审定（编号：浙审稻2013022）

产量表现：甬优538经2011年浙江省单季杂交晚粳稻区试，平均亩产720.6千克，比对照嘉优2号增产29.5%，达极显著水平；2012年浙江省单季杂交晚粳稻区试，平均亩产716.2千克，比对照嘉优2号增产23.3%，达极显著水平。两年浙江省区试平均亩产718.4千克，比对照增产26.3%。2012年浙江省生产试验平均亩产755.0千克，比对照增产29.6%。

特征特性：该品种株高适中，茎秆粗壮，剑叶长挺略卷，叶色淡绿，穗型大，着粒密，谷粒圆粒形，谷壳黄亮，颖尖无色，有顶芒。两年区试平均全生育期153.5天，比对照长7.3天。亩有效穗

数 14.0 万，成穗率 64.6%，株高 114.0 厘米，穗长 20.8 厘米，每穗总粒数 289.2 粒，实粒数 239.2 粒，结实率 84.9%，千粒重 22.5 克。经浙江省农业科学院植物保护与微生物研究所 2011—2012 年抗性鉴定，平均叶瘟 1.1 级，穗瘟 5.0 级，穗瘟损失率 8.3%，综合指数为 3.7；白叶枯病 2.4 级；褐稻虱 9.0 级。经农业部稻米及制品质量监督检测中心 2011—2012 年检测，平均整精米率 71.2%，长宽比 2.1，垩白粒率 39%，垩白度 7.7%，透明度 2 级，胶稠度 70.5 毫米，直链淀粉含量 15.5%，米质各项指标均达到食用稻品种品质部颁 4 等。

栽培注意要点：适时早播，注意稻曲病的防治。

审定意见：甬优 538 属单季籼粳杂交稻（偏粳），生育期长，茎秆粗壮，穗大粒多，抗倒伏性好。丰产性好。中抗稻瘟病，中感白叶枯病，感褐稻虱。在浙江省适宜作单季稻种植。

种植表现：余姚市 2010 年引入试种，2012—2015 年连续 4 年展示示范，产量均居展示品种首位。2013 年陆埠基地示范 100 亩，在菲特洪水淹 5 天（茎秆及小半穗被淹，大半穗及大部分剑叶露出水面）的情况下，经宁波市农业局"粮食双千"验收，平均亩产仍高达 805 千克，最高田块 832.5 千克。甬优 538 感光性强，抽穗期相对稳定，余姚市在 5 月底至 7 月初播种均能安全齐穗和正常成熟。单季种植，一般 5 月 15～20 日播种，9 月 5 日左右齐穗，11 月 5 日左右成熟，熟期适宜，有利于后茬小麦种植。甬优 538 株高 115 厘米左右，比甬优 12 矮 5 厘米，每亩有效穗数一般均能达 14 万，而粒数仍达 300 粒以上，高的田块达到了 370 粒。甬优 538 是目前株高、粒数、分蘖协调最佳的一个品种。并且熟期适宜，熟期转色接近常规稻。既耐高温又耐低温，结实率高而稳定，4 年种植结实率均达 90% 以上。收获指数很高，最终结果是产量高而稳。该品种在熟期、株高等特性上比甬优 12 更适合余姚市种植，深受农户欢迎。

栽培要点：适宜作单晚机插、直播、手插种植。也可用于 7 月 20 前插种的假单季种植。①净化土壤。播种或移栽前 20 天翻耕大田，促进田间前作残留物及杂草充分烂透。②播种期、播种量。手拔秧：5月15日左右播种。本田亩用种量0.5千克，秧田亩播种量6千克。手插移栽密度25厘米×25厘米左右，2本插。秧龄20～22天。机插秧：5月15～20日播种。机插秧每盘播50～75克种子（折合干种子，最多不要超过75克）。机插密度30厘米×21厘米，亩插15盘左右，增加预备秧2盘。亩用种量控制在1千克左右。秧龄20天左右。直播：5月25～31日播种。直播亩播种量控制在0.75～0.9千克。做好鼠雀草害防治和全苗齐苗工作。③科学管理。秧田一叶一心期喷200毫克/千克多效唑；秧田肥水双促，严防蓟马和飞虱，防止病毒病。本田和中等肥力田块亩施纯氮15～17千克，最高不超过19千克，氮、磷、钾比例为1∶0.6∶1，基、蘖、穗肥比例氮肥为4∶4∶2，钾肥为2∶4∶4，磷肥主要作基肥施用。蘖肥在栽后7天及15天左右各施一次，穗肥在剑叶全展期施入。采用好气灌溉法，栽后7天及14天各放干田水实田一次，促进分蘖，防治基腐病。拔节期搁田，分次轻搁，孕穗至抽穗期薄水养胎，灌浆成熟期干湿交替，每隔7～10天灌跑马水，养根保鞘，收割前7～10天断水，严禁断水过早。根据余姚市植保站"病虫情报"资料及时做好病虫害防治。稻曲病须在孕穗末期至破口期前1周防治2次。可选用氰烯菌酯浸种；阿维·甲虫肼或乙多·甲氧虫防二化螟，前期失治的重发田块建议再加适量阿维菌素或甲维盐以提高防效。噻呋酰胺防治纹枯病；苯甲·嘧菌酯防纹枯病或穗期综合征；吡蚜酮防治稻飞虱；三环唑防治稻瘟病。

推广情况：2014年由于种子紧缺推广0.82万亩，2015年推广3.65万亩，2016年推广4.04万亩，2017年始随着更优质的甬优1540的推广而减少，至2018年累计推广面积为11.2万亩。

甬优538在余姚推广情况

单位：万亩

项目	年　份						小计
	2013	2014	2015	2016	2017	2018	
面积	0.03	0.82	3.65	4.05	1.62	1.01	11.2

甬优 1540

亲本来源：甬粳 15A（♀）、F7540（♂）

选育单位：宁波市农业科学研究院作物研究所、宁波市种子有限公司

完成人：马荣荣、王晓燕、陆永法、周华成、蔡克锋、唐志明、李信年

品种类型：籼粳交三系杂交水稻

审定情况：2014 年浙江审定（编号：浙审稻 2014017）、2017 年浙江审定（编号：浙审稻 2017014）

单季晚稻

产量表现： 甬优 1540 经 2011 年浙江省单季籼粳杂交稻区试，平均亩产 682.7 千克，比对照甬优 9 号增产 6.4％，达显著水平；2012 年浙江省单季籼粳杂交稻区试，平均亩产 667.6 千克，比对照甬优 9 号增产 4.9％，未达显著水平。两年浙江省区试平均亩产 675.2 千克，比对照甬优 9 号增产 5.7％。2013 年浙江省生产试验平均亩产 668.5 千克，比对照甬优 9 号增产 6.7％。

特征特性： 该品种株高适中，长势旺盛，株型紧凑，生育期短，剑叶挺直，叶色浅绿；茎秆粗壮，分蘖力中等；穗型大，结实率高，谷色黄亮，无芒，谷粒短粒型，稃尖无色。两年浙江省区试平均全生育期 146.5 天，比对照短 7.7 天。平均亩有效穗数 13.1 万，成穗率 67.5％，株高 117.5 厘米，穗长 21.5 厘米，每穗总粒数 255.3 粒，实粒数 218.4 粒，结实率 85.6％，千粒重 23.3 克。经浙江省农业科学院植物保护与微生物研究所 2011—2012 年抗性鉴定，平均叶瘟 3.2 级，穗瘟 4.5 级，穗瘟损失率 9.6％，综合指数为 4.3；白叶枯病 6.0 级；褐稻虱 9.0 级。经农业部稻米及制品质量监督检测中心 2011—2012 年检测，平均整精米率 71.1％，长宽比 2.3，垩白粒率 28％，垩白度 5.1％，透明度 2 级，胶稠度 71 毫米，直链淀粉含量 16.0％，米质指标分别达到食用稻品种品质部颁 4 等和 3 等。

栽培注意要点： 注意稻瘟病、稻曲病和白叶枯病的防治。

审定意见：甬优 1540 属三系籼粳交偏籼型杂交稻，株高适中，株型紧凑，生育期短，茎秆粗壮，分蘖力中等，抗倒伏性好。穗大粒多，结实率高，丰产性较好。米质较优。中感稻瘟病，高感白叶枯病，感褐稻虱。在浙江省适宜作单季稻种植。

连作晚稻

产量表现：2015 年浙江省连作粳（籼）稻区试平均亩产 664.1 千克，比对照宁 81 增产 15.5%，达极显著水平；2016 年续试，平均亩产 705.7 千克，比对照宁 81 增产 27.7%，达极显著水平。两年浙江省区试平均亩产 684.9 千克，比对照增产 21.4%。2016 年浙江省生产试验平均亩产 646.3 千克，比对照增产 23.6%。

特征特性：该品种长势繁茂，茎秆粗壮，剑叶挺，叶色淡绿，穗大粒多，稃尖无色，偶有短顶芒。两年浙江省区试平均全生育期 144.7 天，比对照宁 81 短 0.5 天。该品种亩有效穗数 17.1 万，株高 99.9 厘米，每穗总粒数 223.5 粒，实粒数 180.9 粒，结实率 80.9%，千粒重 23.2 克。经浙江省农业科学院植物保护与微生物研究所 2015 2016 年抗性鉴定，穗瘟损失率最高 5 级，综合指数 5.3；白叶枯病最高 5 级；褐飞虱最高 9 级。经农业部稻米及制品质量监督检测中心 2014—2015 年检测，平均整精米率 66.4%，长宽比 2.2，垩白粒率 28.0%，垩白度 3.8%，透明度 1.5 级，碱消值 7.0，胶稠度 68.5 厘米，直链淀粉含量 16.2%，米质各项指标综合评价均为食用稻品种品质部颁 3 等。

栽培技术要点：适量施氮肥，注意稻瘟病和稻曲病防治。

审定意见：该品种属迟熟籼粳杂交晚稻。生长整齐一致，株高适中，后期青秆黄熟，谷色黄亮。丰产性好。中感稻瘟病。适宜在浙江省作连作晚稻种植。

种植表现：余姚市 2012 年引入试验，2013 年生产示范，2014 年推广。表现为：①产量高。2012 年站陆埠基地展示 1 亩，平均亩产 753.5 千克，居 20 只参展品种第二位，仅次于甬优 538。2013 年参加品种展示和生产示范，虽受菲特台风洪水影响，展示平均亩产仍达 711.2 千克，居 24 个参展品种第二位，仍仅次于甬优 538；生产示范 10 亩，其中机插平均亩产 722.3 千克，直播平均亩产 711.2 千克。2014 年、2015 年产量均在 700 千克以上。②熟期早。作单季栽培，2012 年、2013 年两年试验，分别于 6 月 23 日、22 日播种，分别于 10 月 31 日、10 月 30 日成熟。非常适宜于后茬小麦、油菜种植。2016—2018 年作连晚种植，7 月初播种，11 月 10 日左右成熟。③结实率高。2012 年展示结实率 97%；2013 年展示结实率 96.7%；生产示范机插 98.1%，直播 95.8%。结实率接近或超过常规粳稻品种，是目前甬优系列杂交品种中结实率最高的品种。④株型结构好。两年试种平均株高 117.0 厘米，连晚种植株高 100～105 厘米，株高适中。分蘖力强，亩平均有效穗数 15 万左右。穗型较大，虽小于甬优 12、甬优 538，但实粒数基本稳定在 220 粒以上。穗粒结构协调，穗一、二次枝梗分生量大，田间表现穗层丰满，具有丰产架子。叶色翠绿，转色顺畅，谷粒饱满，谷色黄亮。

栽培要点：适宜作单晚机插、手插、直播和连晚机插。尤其是后茬种植油菜的农户建议选用该杂交品种。①净化土壤。播种或移栽前 20 天翻耕大田，促进田间前作残留物及杂草充分烂透。②播种期、播种量。手插 5 月 15 日左右播种；本田亩用种量 0.5 千克，秧田亩播种量 6 千克；手插移栽密度 25 厘米×25 厘米左右，2 本插，秧龄 20～22 天。机插秧：5 月 20 日左右播种；机插秧每盘播 50～75 克种子（折合干种子，最多不要超过 75 克）；机插密度 30 厘米×21 厘米，亩插 15 盘左右，增加预备秧 2 盘；亩用种量控制在 1 千克左右；秧龄 20 天以内。直播：5 月底至 6 月初播种；直播亩播种量控制在 0.75～0.9 千克；做好鼠雀草害防治和全苗齐苗工作。连晚机插：7 月初播种，每盘播 50～60 克（7 寸盘）；密度 25 厘米×（14～16）厘米；秧龄 20 天以内。③科学管理。秧田一叶一心期喷 200 毫克/千克多效唑；秧田肥水双促，严防蓟马和飞虱。本田中等肥力田块亩施纯氮 15～17 千克，最高不超过 19 千克，氮、磷、钾比例为 1∶0.6∶1，基、蘖、穗肥比例氮肥为 4∶4∶2、钾肥为 2∶4∶4，磷肥主要作基肥施用。蘖肥在栽后 10 天和 20 天各施一次，穗肥在剑叶全展期施入。采用好气灌溉法，栽后 7 天和 14 天各放干田水实田一次，促进分蘖，防治基腐病。拔节期搁田，分次轻搁，孕穗至抽穗期薄水养胎，灌浆成熟期干湿交替，每隔 7～10 天灌跑马水，养根保鞘，收割前 7～10 天断水。根据余姚市植保站"病虫情报"资料，及时做好病虫害防治。稻曲病须在孕穗末期至破口期防治 2 次。可选用氰烯菌酯浸种；阿维·甲虫肼或乙多·甲氧虫防二化螟，前期失治的重发田块建议再加适量阿维菌素或甲维盐以提高防效。噻呋酰胺防治纹枯病；苯甲·嘧菌酯防纹枯病或穗期综合征；吡蚜酮防治稻飞虱；三环唑防稻瘟病。

推广情况：甬优 1540 是余姚市单双季均推广种植的籼粳杂交稻。该品种 2014 年通过浙江省单季稻审定，2017 年通过连作稻审定。余姚市 2012 年引入试种，经多年试种，表现产量高、熟期早、米质优、结实率高，单双季均适用，一般亩产单季 700～750 千克、连作 600～650 千克，单季 10 月底成熟、连作 11 月上旬成熟，结实率为目前在推广的甬优系列品种中最高，2017 年被评为浙江省十大"好味道"稻米。余姚市 2014 年开始单季推广，2017 年开始连作推广。该品种谷粒长宽比在 2.2～2.3，粒型偏向于籼型，农户担心出现卖粮难的问题，前几年推广面积不大。近两年，由于粮食收储订单数量有限，农户需自己消化出售订单外粮食，因该品种集合高产优质的特点，农户将其作为自己消化出售订单外的粮食种植，2017 年面积开始扩大；当年粮食收储公司也同样按籼粳交品种收购政策收储该品种，再加上双季稻种植的适用性，将进一步促进了该品种在今后的推广。当前累计推广 3.04 万亩。

甬优 1540 在余姚推广情况

单位：万亩

项目	年　份					小计
	2014	2015	2016	2017	2018	
面积	0.05	0.05	0.28	0.85	1.81	3.04

第三节　糯稻品种

京引 15（杜糯）

亲本来源：陆稻/朝日（♀）、早生樱糯（♂）

选育单位：日本

品种类型：粳型常规糯稻

特征特性：京引 15 穗型较小，每穗 40～45 粒。但结实率高，一般达 90％以上。谷粒饱满，千粒重一般在 28～29 克。谷壳薄，出米率高于一般地方晚糯品种。出糙率 80％，精米率 75％～76％。

该品种在浙江省属中熟中糯品种，可以适当迟播，采用秧苗带土移栽，有利于减少专用秧田，扩大早稻种植面积；同时成熟较早，有利于调剂秋收秋种劳动力和早种春粮。该品种感温性强，过于迟播、迟栽不能安全齐穗；过于早播、早栽，抽穗太早，也不利于增产。而年度间气温的高低，又会明显影响生育阶段的提前或推迟。宁绍平原适宜播期 7 月 10～15 日，一般秧龄以 15～20 天为宜。

种植表现：余姚市 1970 年引入。京引 15 的生育期很短，从播种至齐穗一般为 65～75 天，从播种至幼穗分化的营养生长期只有 40～50 天。如果播种过早或秧龄过长，势必减少了本田营养生长期，即移栽后不到 20 天就幼穗分化，常常出现植株矮细，穗小粒少，甚至发生早穗现象，反而不能增产。

栽培要点：京引 15 感温性强，适宜播期为 7 月 10～15 日，一般秧龄以 15～20 天为宜。京引 15 作连作晚稻种植的播种期正值盛夏高温季节，播种时要注意保持秧板湿润，促进全苗齐苗，防止烫芽死苗；扎根后适当控制水分，防止秧苗徒长，有利于培育壮苗。京引 15 的分蘖力中等，要求插足基本苗数，依靠增加穗数以提高产量。密植 16.7 厘米×10.0 厘米，每丛插 6～7 本，亩基本苗 20 万～25 万株。亩施标准肥 1.5～2 吨。京引 15 施肥水平比原来应用的高秆糯稻品种高，但不及矮秆的虹糯等品种耐肥。由于京引

15 的本田生育期短，肥料一定要施在前期，做到基肥足、追肥早，防止后期贪青倒伏，推迟成熟，增多瘪谷。京引 15 的生育期短，一般多安排在中后期移栽，季节较迟，要抓紧耘耥管理，促进早发，并结合耘田，适时搁田。

推广情况：余姚市 1970 年引入，1975 年推广面积最大，为3.0 万亩。一般亩产水平 250～300 千克。

｜祥 湖 24｜

亲本来源：辐农 709/京引 154//辐农 709（♀）、辐农 709（♂）

选育单位：嘉兴市农业科学研究所

品种类型：粳型常规糯稻

适种地区：浙江肥力水平较高的连作晚稻地区

审定情况：1983 年浙江审定（编号：浙品审字第 008 号）

品种来源：用晚粳辐农 709 与对稻瘟病具有一定抗性的糯质亲本京引 154 杂交，于 1976 年冬至 1977 年春的南繁期间，在 F_3 的32 个株系中，依据稻瘟病田间发病情况及 1976 年晚秋选种时粳、糯记载，选系、选株进行回交。与糯质单株回交后，又于 1977 年秋对 B_1F_1 进行稻瘟病人工接种，选株进行第二次回交，从 B_2F_3 中选得基本稳定的糯质品系祥湖 24，其组合方程式为辐农 709/京引154//辐农 709///辐农 709。

产量表现：自 1980 年起，祥湖 24 参加省、地、县各级区试，并进行较大规模生产试验。1980—1981 年晚稻生长期间，天气条件十分恶劣，稻瘟病、白叶枯病流行，由于抗性的作用，祥湖 24都表现相对稳产。1981 年海盐县 6 个单位生产试验结果，112.7 亩祥湖 24 平均亩产 280.5 千克，比双糯 4 号、辐农 709 分别增产18.2％、5.4％。1982 年，晚稻生长期间天气正常，同其他品种一样，祥湖 24 的丰产性能也得到了发挥，各地均出现丰产片、高产田。如平湖县全塘公社种植祥湖 24 共 50.93 亩，平均亩产 522.85千克。绍兴市东湖农场种植祥湖 24 共 130.55 亩，平均亩产447.65 千克。鄞县甲村公社甲村大队种植祥湖 24 共 626.36 亩，平均亩产 375.2 千克。

特征特性：祥湖 24 株高 80～85 厘米，比更新农虎矮 10 厘米；株型紧凑、茎秆细韧、分蘖力强、成穗率高、有效穗较多、穗呈垂头形，穗颈较细，谷粒卵圆形，无芒，谷壳、颖尖、护颖均为秆黄色；祥湖 24 出颈 2～3 厘米，每穗总粒数 60～70 粒，正常结实率 85%～90%，千粒重 25～26 克；与更新农虎相比，每亩有效穗数和结实率有明显优势，但每穗粒数则较少。齐穗期和成熟期与更新农虎比较，祥湖 24 推迟 1～2 天。祥湖 24 直链淀粉含量为 2.47%，糯性较好。该品种抗白叶枯病，抗稻瘟病 G 群优势小种，但不抗致病力强的 D 群和 E 群小种。祥湖 24 很快成为浙江新一代糯稻当家品种，在重病区增产达 20% 以上，深受农民青睐。1983 年春经浙江省品种审定委员会审定列为推广品种。

种植表现：余姚市 1981 年引入。20 世纪 80 年代初，早晚稻稻瘟病盛行，由于该品种良好的稻瘟病抗性，在余姚市快速推广。

栽培要点：适时播种、培育壮秧。一般在 6 月 22～25 日。播种量一般每亩秧田 35～50 千克为宜，迟插田应更稀播或采用两段育秧。宜选择中等肥力田块作秧田，秧苗期肥水促、控要适当，移栽前 3 天施起身肥。从大面积试种和播种期试验看，宜安排在早、中茬口上，在培育壮秧或两段育秧的前提下，也可安排在迟茬口上。合理密植，争多穗高产。为充分发挥穗数优势，祥湖 24 要求 15 万左右基本苗，有效穗数争取 30 万左右。早栽田应争取早生分蘖成穗，迟栽田应适当增加基本苗。祥湖 24 是在高肥条件下选育的，分蘖期对肥料有较高的要求（祥湖 24 对磷、钾肥较敏感），适宜在较高肥力水平下种植。应施足基肥，早施追肥，看苗看天巧施穗肥。总用肥量控制在 2.5～2.75 吨/亩，基肥中有机肥应占一定比重，面肥和追肥中搭配使用磷、钾肥。分蘖期较更新农虎需肥稍多，一般可追肥多施 0.15～0.2 吨/亩。及时防治病虫害。祥湖 24 对稻瘟病、白叶枯病有一定抵抗能力，但在重病区、重病年仍应重视药剂防治；还应注意纹枯病防治，有茎基腐败病、稻曲病发生的地方应加强水浆管理、综合防治。此外，两品种叶色深绿、分蘖力强，在秧苗期应注意稻蓟马、叶蝉等虫害。

推广情况：余姚市1981年引入。20世纪80年代初，早晚稻稻瘟病盛行，由于该品种良好的稻瘟病抗性，很快成为余姚市糯稻当家品种。1983年推广面积最大，为2.0万亩。一般亩产水平350～400千克。

祥湖84（C84-84）

亲本来源：C18-45（♀）、秀水04（♂）
选育单位：嘉兴市农业科学研究所
品种类型：粳型常规糯稻
适种地区：浙江连作晚稻地区
审定情况：1988年浙江审定（编号：浙品审字第042号）

产量表现：1986年、1987年浙江省区试结果，折亩产413.4千克、408.2千克，比对照秀水48增3.6％、5.7％。1987年浙江省生产试验，平均亩产431.0千克，比秀水48增5.1％。

特征特性：祥湖84植株高度78～85厘米。苗期株型集散适中，抽穗后剑叶上举，类似半矮生型，但比半矮生型起发快，生长繁茂，叶色偏淡，叶窄长而挺。一生总叶龄为14.0～14.5片，早种迟种叶龄变化幅度较小。分蘖力中等，抽穗集中，穗层齐，成穗率较高。着粒比半矮生型密，穗、粒、重三者协调，一般每亩有效穗数30万～32万，每穗60～70粒，结实率90％以上，千粒重26.5～27.5克。生育后期转色特别好，灌浆速度快，谷粒饱满，出糙率83％～84％，易脱粒，谷粒不带小枝梗。感光性接近晚粳秀水48，有一定秧龄弹性，生育期相对稳定，全生育期130天左右，属早熟晚糯。浙江省晚粳育种协作组经过1986年、1987年抗性鉴定，把祥湖84列为"双抗"品种。祥湖84米粒圆厚，精米率高达75％，整精米率达73％，其糯性优良，受到广大农户的欢迎。1986年，中国水稻研究所品质分析结果，糊化温度碱消值为7级，胶稠度98毫米，直链淀粉含量为0％。

种植表现：余姚市1986年引入，经试种，祥湖84可以达到晚粳稻的产量水平，余姚市生产试验平均亩产 407.3 千克，比祥湖 47 增 7.4%。祥湖 84 属早熟晚糯，在余姚市 6 月 30 日播种，9 月 18 日左右齐穗，全生育期 130 天左右。

栽培要点：一般在 6 月 30 日左右播种，每亩秧田播 35～50 千克，秧田应及时施好断奶肥和起身肥。祥湖 84 属穗粒兼顾类型，宜在壮秧的基础上通过匀株密植，增丛增苗来实现多穗和求得个体和群体的协调统一，切忌多本稀植，要求做到亩插 3.4 万～3.8 万丛，早播田每丛 3～4 本，保证每亩有 13 万～15 万基本苗，迟插田每丛 5 本左右，保证每亩有 18 万左右的基本苗。祥湖 84 全生育期短，起发快，生长繁茂，每亩总用肥量折成标准肥可控制在 2.5～2.75 吨，其中应有 0.75 吨的有机肥作基肥，移栽以后配合浅水发棵，尽早施用分蘖肥，对于未用有机肥打底或缺钾的田块，分蘖肥中应搭配 5～7.5 千克的氯化钾，以利早发，早播田块还需在幼穗分化始期因苗制宜，施用 3～4 千克尿素作穗肥，以利于提高成穗率和增加颖花数，生育中期，宜适时、分次搁田，使群体生长保持适度、清秀、健壮，齐穗后，灌好"跑马水"，以利延长功能叶的功能期，提高谷粒充实度。

推广情况：余姚市 1986 年引入，1987 年扩大试种，1988 年开始推广，1992 年推广面积最大，为 4.3 万亩。1987—1994 年累计推广 16.94 万亩。一般亩产水平 400 千克左右。

祥湖 84 在余姚推广情况

单位：万亩

项目	年　份								小计
	1987	1988	1989	1990	1991	1992	1993	1994	
面积	0.44	1.6	2.0	1.4	3.1	4.3	3.6	0.5	16.94

春 江 糯

亲本来源：秀水 11（♀）、T82－25（♂）

选育单位：中国水稻研究所

品种类型：粳型常规糯稻

审定情况：1993年浙江审定（编号：浙品审字第099号）

产量表现： 1991年浙江省区试，平均亩产为504.97千克，比对照秀水11增产3.02％，居区试首位；1992年浙江省区试，平均亩产为388.31千克，比对照秀水11增产6.82％，居区试首位；1992年浙江省生产试验，平均亩产为381.5千克，比对照秀水11增产4.0％，居区试首位；1991年浙江省品种擂台赛，平均亩产为509.10千克，比对照秀水11增产11.43％，居区试首位。

特征特性： 春江糯苗期植株较矮，叶片长短适中，秧苗粗壮，移栽后不易败苗，返青快，分蘖期生长势旺，分蘖力强，属丛生快长型品种。抽穗集中，穗层整齐，穗大小均匀，剑叶角度小，叶色较淡，株型较紧凑，成熟期退色好，青秆黄熟。株高82～87厘米，一般每亩有效穗数30万～35万，每穗总粒数65～75粒，结实率90％以上，千粒重26.9克左右。易脱粒，谷粒不带枝梗。春江糯米粒色泽乳白光亮，米饭洁白，有光泽，黏性强，适口性好。据宁波市种子公司1993年1月米质品尝鉴定，从外观、食味综合品评结果，春江糯得171.8分，比祥湖84高39.5分，明显优于祥湖84，且易晒变。另据中国水稻研究所米质分析结果：春江糯的糙米率为84％，精米率75.6％，整精米率71.4％，胶稠度100毫米，糊化温度7.0，直链淀粉含量1.3％。秧龄弹性大，适应范围广，浙江北部地区可在6月25日左右播种。

种植表现： 余姚市1992年引入，经几年种植，亩产量420～500千克，与常规粳稻宁67相仿，熟期略早，很快成为余姚市糯稻当家品种。

栽培要点： 春江糯属中熟偏早晚粳糯，连晚栽培在6月25日左右播种。一般每亩播30千克左右，本田用种量4～5千克。一般7月底移栽的每亩插足3万丛，8月初移栽的亩插3.5万丛，每丛插4～5本。春江糯需肥量中等，一般每亩施标准肥2 750千克，同时要配施磷、钾肥，施肥方法上宜施足基肥、早施追肥，充分发挥其分蘖早而快的优良特性，以争取多穗；防止用肥过多、过迟。

后期断水不宜过早，以发挥粒重的增产作用。除了播种前种子用药剂处理外，在秧田三叶期和拔秧前用叶青双预防白叶枯病，并根据天气预报，在台风到来之前预防白叶枯病。在孕穗期和破口期各防治稻瘟病一次，并要注意对稻飞虱和纹枯病的防治。

推广情况： 余姚市 1992 年引入，1993—2004 年推广，推广面积最大年份 1995 年推广 2.6 万亩，累计推广 17.69 万亩。一般亩产水平 400～430 千克。

春江糯在余姚推广情况

单位：万亩

项目	年 份											小计
	1993	1994	1995	1997	1998	1999	2000	2001	2002	2003	2004	
面积	0.53	1.4	2.6	2.3	1.1	2.0	2.5	1.0	1.5	0.4	0.16	17.69

祥湖 13（丙 04 - 13）

亲本来源： 丙 97408L/R9941（♀）、繁 20/丙 9408L//繁 20/丙 9734（♂）

选育单位： 嘉兴市农业科学研究院

品种类型： 粳型常规糯稻

适种地区： 浙江省嘉兴、湖州地区

审定情况： 2008 年浙江审定（编号：浙审稻 2008005）

产量表现： 祥湖 13 经 2005 年嘉兴市单季晚粳稻区试，平均亩产 536.3 千克，比对照秀水 63 增产 6.6%，达极显著水平；2006年嘉兴市单季晚粳稻区试，平均亩产 557.4 千克，比对照秀水 63 增产 0.5%，未达显著水平。两年市区试平均亩产 546.9 千克，比对照秀水 63 增产 3.4%。2007 年嘉兴市生产试验平均亩产 503.4千克，比对照秀水 63 增产 3.6%。经 2006 年湖州市单季晚粳稻区试，平均亩产 590.0 千克，比对照秀水 63 增产 4.1%，未达显著水平；2007 年湖州市单季晚粳稻区试，平均亩产 549.2 千克，比对照秀水 63 减产 0.7%，未达显著水平。

特征特性：该品种叶色青绿，叶姿挺，剑叶略长；株型较紧凑，茎秆粗壮，分蘖力中等；穗半直立，穗型大，着粒较密，谷粒短圆，谷色淡黄，颖尖无芒。两年嘉兴市区试平均全生育期160.5天，比对照长0.5天；平均亩有效穗数19.5万，成穗率67.8%，株高103.3厘米，穗长16.3厘米，每穗总粒数151.2粒，实粒数131.8粒，结实率87.2%，千粒重23.3克。经浙江省农业科学院植物保护与微生物研究所2005—2006年抗性鉴定，平均叶瘟0.0级，穗瘟2.5级，穗瘟损失率3.5%；白叶枯病3.9级；褐稻虱7.0级。经农业部稻米及制品质量监督检测中心2005—2006年米质检测，平均整精米率72.5%，长宽比1.7，阴糯米率1.0%，白度2.0级，胶稠度100毫米，直链淀粉含量1.7%，两年米质指标均达到部颁食用粳糯稻品种品质2等。

栽培注意要点：适当增加基本苗和控制后期氮肥施用，注意褐稻虱防治。

审定意见：该品种属中熟晚粳糯稻，株高中等，分蘖力中等，穗大粒多，谷粒较小，熟色清秀，生育期适中，丰产性好，糯性好。抗稻瘟病，中抗白叶枯病，感褐稻虱。适宜在嘉兴、湖州地区作单季稻种植。

种植表现：余姚市2007年引入试种，单季试种亩产559.4千克，连作试种亩产443.3千克，均与常规晚粳稻接近，其中单季穗型大，而作连作种植穗型变小。茎秆矮壮，抗倒伏性强，病害轻，熟色好。分蘖力、成穗率中等，穗型较大，结实率高。缺点：米粒较小，千粒重仅23克左右。适应性广，余姚市既可作单晚也可作连晚种植。

栽培要点：单晚可手插、机插和直播栽培，连晚宜作抛秧栽培。①适期播种。单晚：机插、手插6月5日左右播种，直播6月10日左右。连晚抛秧7月初播种。亩用种量，单晚手插、直播3.5千克、机插5千克左右，连晚抛秧6千克。②肥料施用。单晚前期促稳长，穗肥适当重施。连晚抛秧宜以基肥为主，追肥宜早，防止后期施肥过重过迟，影响正常灌浆和成熟。其他如水浆管理、病虫防治与其他同茬口的种植品种相仿。

推广情况：2008 年推广 0.51 万亩。但随后余姚市糯稻面积减少，随后几年推广面积均不多，但一直是余姚市糯稻主栽品种，并以单季栽培为主。2008—2017 年累计推广 2.54 万亩。一般产量单晚 500 千克、连晚 450 千克左右。

祥湖 13 在余姚推广情况

单位：万亩

项目	年　份										小计
	2008	2009	2010	2011	2012	2013	2014	2015	2016	2017	
面积	0.51	0.17	0.24	0.4	0.39	0.23	0.19	0.13	0.08	0.2	2.54

第四节　山区中汛稻品种

汕优 64

亲本来源：珍汕 97A（♀）、测 64-7（♂）
选育单位：浙江省种子公司、武义县农业局、杭州市种子公司
完成人：陈昆荣、孙家沪、黄烈文、朱其时、徐旭增
品种类型：籼型三系杂交水稻
适种地区：浙江、湖南、江西、湖北等省
审定情况：1986 年浙江审定（编号：浙品审字第 027 号）

品种概况：汕优 64 组合是根据浙江省杂交晚稻组合单一、生育期偏长、抗性下降、产量不稳的情况，由浙江省种子公司主持组织武义县农业局和杭州种子公司经过广泛测配，于 1986 年冬季在海南选配而成。经 1984—1985 年两年浙江省区试和生产试验，具有早熟、产量高、抗稻瘟病、秧龄弹性大、分蘖力强、省肥、好种的特点。一般亩产 400 千克以上。该组合 1986 年和 1990 年分别通过浙江省和全国品种审定委员会审定。除浙江省外，在湖南、广东、福建、湖北、江西、安徽等 10 个省（自治区、直辖市）均有较大面积种植。至 1991 年全国累计推广面积 745.4 万公顷，其中浙江省 60.6 万

公顷，其增产稻谷 552.39 万吨，农民增收 397 723.68 万元。再加上省工、省成本、制种产量高，经济效益更为显著。汕优 64 属早熟中籼，适应性广，耐瘠性强，适宜于山区和中低产田种植。应掌握适时播种、稀播匀播、培育壮秧、合理密植、重施基肥，亩施标准肥不超过 225 千克（相当于尿素 22.5 千克），适时搁田，防止倒伏。

栽培要点：4 月底播种，大田用种量每亩 1 千克左右，秧田播种量 10 千克。5 月底至 6 月初手插移栽，插种规格 25 厘米×20 厘米左右。大部分在春马铃薯收获后移栽。前茬为春马铃薯的大田，一般不需要施基肥，返青活棵后施追肥复合肥 10 千克左右。根据病虫情报做好病虫害防治，在防病时必须做好稻瘟病防治工作。

推广情况：余姚市 1986 年推广，在平原作连晚种植，山区作中汛稻种植，但平原籼型杂交稻作连晚种植占比很少，之后的年份面积也未增反减。1986—1993 年累计推广 5.61 万亩，1991 年推广面积最大为 1.2 万亩。一般亩产水平 400～450 千克。

汕优 64 在余姚推广情况

单位：万亩

项目	年　份								小计
	1986	1987	1988	1989	1990	1991	1992	1993	
面积	0.21	0.4	0.72	0.99	1.1	1.2	0.85	0.14	5.61

汕优 63

亲本来源：珍汕 97A（♀）、明恢 63（♂）

选育单位：三明市农业科学研究所

品种类型：籼型三系杂交水稻

适种地区：安徽、重庆、福建、广东、广西、陕西、四川、云南、浙江等地

试种推广情况：余姚市 1989 年引入，1990 年开始在山区作中汛稻搭配种植。1990—2001 年累计推广 5.04 万亩。一般亩产水平 400～450 千克。

汕优 63 在余姚推广情况

单位：万亩

项目	年 份												小计
	1990	1991	1992	1993	1994	1995	1996	1997	1998	1999	2000	2001	
面积	0.25	0.39	0.32	0.27	0.33	0.44	0.49	0.65	0.6	0.83	0.27	0.2	5.04

协优 46（协优 10 号）

亲本来源：协青早 A（♀）、密阳 46（♂）

选育单位：中国水稻研究所、浙江省开发杂交稻组合联合体

完成人：叶复初、徐旭增、李马裕、应存山、孙健、章善庆、童海军等

品种类型：籼型三系杂交水稻

适种地区：浙江、江西、湖南、湖北、安徽、福建等省

审定情况：1990 年浙江审定（编号：浙品审字第 058 号）

特征特性： 籼型杂交稻中熟组合。株高 90～95 厘米，株型紧凑，茎秆坚韧，后期不易早衰。亩有效穗数 22 万～24 万，每穗总粒数 100～120 粒，结实率 86%～91%，千粒重 28.5～29 克。秧龄弹性小，米饭食味较好，制种产量高。全生育期 125～130 天，比汕优 6 号早熟 2～3 天。耐肥性好，抗倒伏性强，对稻瘟病具有广谱抗性，抗白背飞虱，感纹枯病。一般亩产 400 千克以上。

栽培要点： 秧龄 30～35 天为宜，亩播基本苗 8 万～10 万，后期严防断水过早，注意防治白叶枯病。

适宜范围： 浙江、江西、湖南、湖北等省种植。

栽培要点： 4 月底播种，大田用种量每亩 1 千克左右，秧田播种量 10 千克。5 月底至 6 月初手插移栽，插种规格 25 厘米×20 厘米左右。大部分在春马铃薯收获后移栽。前茬为春马铃薯的大田，一般不需要施基肥，返青活棵后施追肥复合肥 10 千克左右。根据病虫情报做好病虫害防治，在防病除虫时必须做好稻瘟病、稻飞虱的防治工作。

推广情况： 余姚市 1992 年开始推广，至 2007 年累计推广

13.62万亩。一般亩产水平450千克。

协优46在余姚推广情况

单位：万亩

项目	年　份																	小计
	1991	1992	1993	1994	1995	1996	1997	1998	1999	2000	2001	2002	2003	2004	2005	2006	2007	
面积	0.11	0.4	1.1	0.9	1.1	1.2	1.6	1.5	1.2	1.0	1.2	1.01	0.4	0.56	0.3	0.13	0.02	13.73

┃ 协 优 63 ┃

亲本来源：协青早A（♀）、明恢63（♂）

选育单位：安徽省种子公司、巢湖地区种子公司

品种类型：籼型三系杂交水稻

适种地区：安徽、江苏、浙江、四川平丘及贵州海拔800米以下的低山区

试种推广情况：余姚市2001开始在山区作中汛稻搭配种植。2005—2009年为山区中汛稻主栽品种。2001—2009年累计推广5.04万亩。

协优63在余姚推广情况

单位：万亩

项目	年　份									小计
	2001	2002	2003	2004	2005	2006	2007	2008	2009	
面积	0.15	0.23	0.4	0.38	0.58	0.64	0.71	0.57	0.63	4.29

┃ 中浙优8号 ┃

亲本来源：中浙A（♀）、T-8（♂）

选育单位：中国水稻研究所、浙江勿忘农种业集团有限公司

品种类型：籼型三系杂交水稻

适种地区：浙江省作单季稻种植

审定情况：2006年浙江审定（编号：浙审稻2006002）

产量表现：中浙优8号经2003年浙江省杂交晚籼稻区试，平

均亩产 473.5 千克，比对照汕优 63 减产 0.9%，未达显著水平；2004 年杂交晚籼稻区试，平均亩产 518.1 千克，比对照汕优 63 增产 5.4%，未达显著水平；两年平均亩产 495.8 千克，比对照增产 2.3%。2005 年省生产试验平均亩产 536.4 千克，比对照汕优 63 增产 4.4%。

特征特性： 该组合两年浙江省区试平均全生育期 137.2 天，比对照长 5.2 天。两年平均亩有效穗数 15.5 万，成穗率 57.0%，株高 120.4 厘米，穗长 25.7 厘米，每穗总粒数 165.8 粒，实粒数 144.5 粒，结实率 87.2%，千粒重 25.4 克。据浙江省农业科学院植物保护与微生物研究所 2004 年抗性鉴定结果，叶瘟 3.2 级，穗瘟 1.0 级，穗瘟损失率 0.5%；白叶枯病 7.0 级；褐稻虱 9.0 级。据 2003—2004 年农业部稻米及制品质量监督检验测试中心米质检测结果，平均整精米率 56.6%，长宽比 3.2，垩白粒率 16.3%，垩白度 3.6%，透明度 1.5 级，胶稠度 69.5 毫米，直链淀粉含量 14.3%。

审定意见： 该组合株型挺拔，叶色深绿，分蘖力较强，穗大粒多，结实率高，生长清秀，后期熟相较好，丰产性较好。中抗稻瘟病，感白叶枯病，高感褐稻虱。米质较优。适宜在浙江省作单季稻种植。

种植表现： 余姚市山区中汛稻种植，一般 4 月底播种，国庆节左右成熟。亩有效穗数 14 万～16 万，每穗总粒数 170～200 粒，每穗实粒数 150～180 粒，千粒重 24.5 克左右，一般亩产 500 千克左右。米质较优。

栽培要点： 4 月底播种，大田用种量每亩 1 千克左右，秧田播种量 7.5 千克。5 月底至 6 月初手插移栽，插种规格 25 厘米×20 厘米左右。大部分在春马铃薯收获后移栽。前茬为春马铃薯的大田，一般不需要施基肥，返青活棵后施追肥复合肥 10 千克左右。根据病虫情报做好病虫害防治，在防病除虫时必须做好稻瘟病、稻飞虱的防治工作。

推广情况： 余姚市 2012 年开始推广，2012 年至今作为山区中汛稻主栽品种（2010 年后山区中汛稻已只剩千把亩），累计推广 0.91 万亩。

中浙优 8 号在余姚推广情况

单位：万亩

项目	年　份							小计
	2012	2013	2014	2015	2016	2017	2018	
面积	0.2	0.18	0.1	0.11	0.11	0.1	0.11	0.91

第五节　余姚市历年水稻推广品种

一、余姚市 1949—2018 年早稻主要推广品种情况

品种	特性	引入年份	推广年份	亩产水平（千克）	累计推广面积（万亩）	最大年面积	
						年份	面积（万亩）
早籼 503	中熟	1946	1946—1957	200		1955	16.0
有芒早粳	早粳	1955	1956—1962	200		1959	8.0
南特号	中熟	1955	1957—1959	250		1958	
陆财号	迟熟	1957	1959—1965	260		1964	4.8
莲塘早	中熟	1958	1960—1965	225		1964	9.0
矮脚南特	迟熟	1962	1963—1967	300～400		1965	28.0
二九青	早熟	1970	1971—1977	320～350		1972	7.0
广陆矮 4 号	迟熟	1971	1973—1985 1972—1985	400～450		1975	26.8
原丰早	中熟	1974	1976—1984	375		1983	10.3
青秆黄	迟熟	1979	1981—1989 1981—1991	400		1984	9.6
浙辐 802	中熟	1982	1983—1992	375		1985	5.5
二九丰	中熟	1983	1984—1992	400	110.8	1986	16.9
嘉籼 758	中熟	1988	1988—1997	420	103.6	1992	23.7
嘉育 293	中熟	1991	1992—2004	450～500	144.9	1997	21.6
嘉育 280	中熟	1993	1995—2009	400～450	78.81	1999	11.6
嘉育 948 嘉早 935	优质	1996	1997—2001	400～450	10.14	1999	4.27
嘉育 143	中熟	1998	2000—2009	400～450	25.88	2006	6.3
嘉育 253	中熟	2003	2005—2013	500～550	54.38	2008	11.6
甬籼 15	早熟	2007	2009 至今	450～500	13.68	2018	2.31
中早 39	中熟	2008	2010 至今	500～550	34.97	2013	5.81

二、余姚市 1957—2018 年晚稻主要推广品种情况

品种	特性	引入年份	推广年份	亩产水平（千克）	累计推广面积（万亩）	最大年面积	
						年份	面积（万亩）
老来青	晚粳	1957	1958—1961	300		1959	2.0
新太湖青	晚粳	1957	1958—1963	200		1959	6.0
老来红	晚粳	1958	1960—1964	200		1964	12.6
农垦 58	晚粳	1963	1964—1968	275		1965	23.0
京引 15	晚糯	1970	1972—1980	250～300		1975	3.0
农虎 6 号	晚粳	1970	1972—1983	275		1975	22.0
嘉农 485	晚粳	1972	1973—1976	275		1974	3.0
嘉湖 4 号	晚粳	1975	1976—1983	275		1982	15.1
汕优 6 号	杂交晚籼	1976	1977—1990	400		1980	16.6
祥湖 24	晚糯	1981	1982—1990	350～400		1983	2.0
秀水 48	晚粳	1981	1983—1988	350～400	106.0	1984	25.9
秀水 27	晚粳	1982	1984—1987	350～400	26.1	1986	6.8
祥湖 84	晚糯	1986	1987—1994	400	16.9	1992	4.3
秀水 11	中熟晚粳	1986	1987—1996	420～480	160.9	1991	30.0
宁 67	晚粳	1990	1992—2001	400～450	161.9	1997	23.6
丙 1067	晚粳	1991	1993—2000	400～430	38.0	1994	7.5
春江糯	晚糯	1992	1993—2004	400～430	17.7	1995	2.6
秀水 390	早熟晚粳	1996	1997—2002	400～430	32.6	1999	5.8
甬粳 18	晚粳	1996	1998—2009	430	129.3	2000	18.0
甬优 1 号	杂交晚粳	1998	1999—2009	475	11.9	2001	2.6
秀水 110	晚粳	1999	2001—2006	500（单季）	24.1	2004	6.5
嘉花 1 号	中熟晚粳	2002	2004—2011	440～500	20.0	2009	6.6
秀水 09	晚粳	2004	2005—2011	500（单季）	33.3	2009	8.8
祥湖 13	晚糯	2007	2008—2017	500（单季）	2.54	2008	0.51
宁 88	晚粳	2004	2008 至今	440～500	76.7	2013	9.9
秀水 134	晚粳	2007	2010 至今	440～500	74.1	2011	12.2

（续）

品种	特性	引入年份	推广年份	亩产水平（千克）	累计推广面积（万亩）	最大年面积 年份	最大年面积 面积（万亩）
嘉禾218	中熟晚粳	2008	2012至今	500（单季）	7.3	2015	1.7
宁84	晚粳	2011	2015至今	550～600（单）	3.0	2015	1.8
甬优12	迟熟籼粳杂交晚稻	2007	2010至今	700～900（单）	9.6	2011	2.7
甬优538	籼粳杂交晚稻	2010	2014至今	700～800（单）	11.2	2016	4.1
甬优15	中熟籼粳杂交晚稻	2010	2012至今	650～750（单）	2.4	2018	1.0
甬优1540	中熟籼粳杂交晚稻	2012	2014至今	700～800（单）	3.0	2018	1.8
汕优64	中汛稻	1985	1986—1993	400～450	5.6	1991	1.2
汕优63	中汛稻	1989	1990—2001	400～450	5.0	1999	0.8
协优46	中汛稻	1991	1992—2007	450	13.7	1997	1.6
协优63	中汛稻	2000	2001—2009	450～500	4.29	2007	0.7
中浙优8号	中汛稻	2011	2012—2018	500	0.9	2012	0.2

三、余姚市1986—2018年早稻三大主栽品种情况统计

年份	面积	第一主栽品种 品种	第一主栽品种 面积（万亩）	第二主栽品种 品种	第二主栽品种 面积（万亩）	第三主栽品种 品种	第三主栽品种 面积（万亩）	三大品种面积合计（万亩）	三大品种面积占比（％）
1986	37.6	二九丰	16.9	广陆矮4号	6.7	青秆黄	8.3	31.9	84.8
1987	37.89	二九丰	19.2	青秆黄	7.6	广陆矮4号	3.6	30.4	80.2
1988	38.26	二九丰	24.5	青秆黄	6.1	浙辐802	2.7	33.3	87.0
1989	38.55	二九丰	21.8	青秆黄	6.0	嘉籼758	5.0	32.8	85.1
1990	38.77	嘉籼758	16.2	二九丰	13.7	青秆黄	3.7	33.6	86.7
1991	38.76	嘉籼758	22.5	二九丰	10.5	青秆黄	1.96	34.96	90.2
1992	38.22	嘉籼758	23.7	嘉育293	5.14	二九丰	3.6	32.44	84.9

（续）

| 年份 | 面积 | 第一主栽品种 | | 第二主栽品种 | | 第三主栽品种 | | 三大品种面积合计（万亩） | 三大品种面积占比（％） |
		品种	面积（万亩）	品种	面积（万亩）	品种	面积（万亩）		
1993	36.17	嘉籼758	14.5	嘉育293	11.3	嘉兴2号	4.9	30.7	84.9
1994	35	嘉育293	16.5	嘉籼758	10.6	嘉早05	3.5	30.6	87.4
1995	36.15	嘉育293	19.4	嘉籼758	7.0	嘉早05	6.7	33.1	91.6
1996	36.2	嘉育293	21.3	嘉育280	6.9	嘉早05	4.1	32.3	89.2
1997	36.05	嘉育293	21.6	嘉育280	8.8	嘉早05	2.7	33.1	91.8
1998	34	嘉育293	17.3	嘉育280	8.1	嘉育948	4.0	29.4	86.5
1999	36.4	嘉育293	16.5	嘉育280	11.6	嘉早935	2.69	30.79	84.6
2000	22.66	嘉育293	8.7	嘉育280	8.7	嘉育143	1.3	18.7	82.5
2001	17.93	嘉育293	5.0	嘉育280	3.5	嘉早312	1.2	9.7	54.1
2002	14.31	嘉育280	6.5	嘉育293	2.7	嘉早312	2.0	11.2	78.3
2003	8.72	嘉育280	4.4	嘉育293	1.3	嘉育143	1.28	6.98	80.0
2004	12.35	嘉育280	6.2	嘉育143	4.4	嘉育293	0.5	11.1	89.9
2005	13.34	嘉育280	7.5	嘉育143	4.2	嘉育253	1.1	12.8	96.0
2006	14.01	嘉育143	6.3	嘉育280	4.2	嘉育253	3.1	13.6	97.1
2007	12.8	嘉育253	9.61	嘉育143	2.6	嘉育280	0.5	12.71	99.3
2008	14.5	嘉育253	11.6	嘉育143	2.0	嘉育280	0.7	14.3	98.6
2009	11.02	嘉育253	8.3	嘉育143	1.4	甬籼69	0.46	10.16	92.2
2010	11.91	嘉育253	8.1	甬籼69	1.5	甬籼15	1.1	10.7	89.8
2011	10.41	嘉育253	6.2	中早39	2.01	甬籼15	1.26	9.47	91.0
2012	9.87	嘉育253	4.35	中早39	4.35	甬籼15	1.14	9.84	99.7
2013	9.37	中早39	5.81	嘉育253	2.02	甬籼15	1.54	9.37	100.0
2014	7.41	中早39	5.5	甬籼15	1.15	中嘉早17	0.76	7.41	100.0
2015	6.29	中早39	4.01	甬籼15	1.47	中嘉早17	0.81	6.29	100.0
2016	6.3	中早39	4.83	甬籼15	1.27	中嘉早17	0.2	6.3	100.0
2017	6.5	中早39	4.1	甬籼15	2.24	中嘉早17	0.16	6.5	100.0
2018	5.08	中早39	3.12	甬籼15	1.7	中组143	0.26	5.08	100.0

四、余姚市 1986—2018 年晚稻三大主栽品种情况统计

| 年份 | 面积 | 第一主栽品种 | | 第二主栽品种 | | 第三主栽品种 | | 三大品种面积合计（万亩） | 三大品种面积占比（％） |
		品种	面积（万亩）	品种	面积（万亩）	品种	面积（万亩）		
1986	42.51	秀水 48	19.4	油优 6 号	9.1	秀水 27	6.8	35.3	83.03
1987	42.95	秀水 48	14.3	油优 6 号	8.94	秀水 48	6.7	29.94	69.70
1988	43.43	秀水 11	22	油优 6 号	6.73	秀水 48	3.8	32.53	74.90
1989	43.42	秀水 11	28.4	秀水 27	3.9	油优 6 号	3.4	35.7	82.22
1990	43.69	秀水 11	28.4	秀水 861	4.4	祥湖 25	2.7	35.5	81.25
1991	43.81	秀水 11	30.0	秀水 861	5.9	祥湖 84	3.1	39	89.02
1992	42.74	秀水 11	25.8	宁 67	4.8	祥湖 84	4.3	34.9	81.66
1993	41.33	秀水 11	14.6	宁 67	13.9	秀水 1067	3.9	32.4	78.39
1994	40.39	宁 67	21.4	秀水 1067	7.5	秀水 11	4.1	33	81.70
1995	41.06	宁 67	22.4	秀水 1067	7.5	春江糯	2.6	32.5	79.15
1996	41.07	宁 67	23.4	秀水 1067	5.2	春江糯	2.2	30.8	74.99
1997	40.59	宁 67	23.6	秀水 1067	5.0	嘉 52	2.5	31.1	76.62
1998	40.98	宁 67	19.3	甬粳 18	4.5	秀水 390	4.0	27.8	67.84
1999	40.60	甬粳 18	16	宁 67	8.6	秀水 390	5.8	30.4	74.88
2000	34.27	甬粳 18	18.1	秀水 1067	3.6	秀水 390	2.9	24.6	71.78
2001	28.88	甬粳 18	16.1	秀水 110	3.0	甬优 1 号	2.5	21.6	74.79
2002	26.07	甬粳 18	14.1	秀水 110	4.9	甬优 1 号	1.9	20.9	80.17
2003	21.65	甬粳 18	10.9	秀水 110	5.4	甬优 1 号	1.7	18	83.14
2004	24.69	甬粳 18	10.7	秀水 110	6.5	嘉花 1 号	2.64	19.84	80.36
2005	24.77	甬粳 18	12.0	嘉花 1 号	4.3	秀水 110	3.0	19.3	77.92
2006	24.08	甬粳 18	10.0	嘉花 1 号	5.2	秀水 09	3.7	18.9	78.48
2007	23.34	秀水 09	7.9	甬粳 18	7.8	嘉花 1 号	4.8	20.5	87.85
2008	24.04	秀水 09	8.4	甬粳 18	6.1	嘉花 1 号	3.6	18.1	75.29
2009	23.71	秀水 09	8.8	加花 1 号	6.6	宁 88	3.9	19.3	81.40

（续）

年份	面积	第一主栽品种		第二主栽品种		第三主栽品种		三大品种面积合计（万亩）	三大品种面积占比（％）
		品种	面积（万亩）	品种	面积（万亩）	品种	面积（万亩）		
2010	24.21	秀水 134	9.6	宁 88	7.5	秀水 09	3.4	20.5	84.68
2011	23.28	秀水 134	12.19	宁 88	8.15	甬优 12	2.74	23.08	99.14
2012	23.36	秀水 134	11.98	宁 88	8.61	宁 81	1.04	21.63	92.59
2013	23.08	秀水 134	9.79	宁 88	9.09	宁 81	1.8	20.68	89.60
2014	22.71	宁 88	9.39	秀水 134	5.5	宁 81	2.43	17.32	76.27
2015	23.07	宁 88	7.62	秀水 134	5.24	甬优 538	3.65	16.51	71.56
2016	22.77	宁 88	5.11	秀水 134	6.42	甬优 538	4.04	15.57	68.38
2017	22.95	宁 88	7.36	秀水 134	7.20	甬优 538	1.62	16.18	70.50
2018	21.69	宁 88	8.44	秀水 134	4.94	甬优 1540	1.81	15.19	70.03

第三章
水稻栽培技术

　　在 1996 年前，水稻全部沿用脸朝黄土背朝天的人工插秧方式。

　　20 世纪 50—60 年代，总结推广劳模经验，继承与改革结合，改革传统农业，反映在第一代稻作栽培上，重点是：育秧技术的改革、耕作管理的改革、植保技术的改革、农机具的改革。随着生产条件、农资条件改善、科学技术的进步、高产良种的更替，从 1984 年开始推广以稀播壮秧和平衡促进的施肥技术为中心的，"稀少平"第二代高产栽培技术，在实现早稻稳产高产的同时，还大幅度地突破晚稻产量。1988 年余姚市围绕"吨粮田"建设目标，积极推广了高成穗率、高结实率、高光能利用率、稳定亩有效穗数基础上争大穗的"三高一稳"第三代高产栽培技术，进一步提高水稻稳产高产程度，水稻"三高一稳"模式栽培推广时期，早、晚稻亩产稳定在 400 千克以上。1996 年，余姚市早、晚稻每亩分别达到 448 千克和 455 千克，全年 37.7 万亩粮食耕地，年粮食平均亩产第一年超过 1 000 千克，达到 1 015 千克，为当时全国少有的"吨粮市"。

　　20 世纪 90 年代以后，随着我国改革开放的不断深入和社会主义市场经济体制的初步建立，农村经济迅速发展，农业和农村面貌发生了深刻变化，大量农村劳动力向第二、第三产业转移，劳动力价格不断上涨，农业产业结构和种植结构逐步得到调整，农村集约化、规模化经营也相应得到了发展，广大稻农从以追求水稻高产为主开始转向在取得高产的同时更注重的是如何增加水稻生产的经济效益。在此时代背景下，简化生产作业程序、减轻劳动强度和省工、节本的轻简高效稻作技术的研究与推广，日趋成为水稻科技工作者和农民群众关注的热点。

经过广大水稻农艺学家和基层农技人员的共同探索和研究，逐步形成和发展了一套以旱育秧、抛秧、直播稻及免耕栽培为主要内容的水稻轻简实用栽培技术。余姚市在 1995 年、1996 年进行了积极的试种示范。其中水稻旱育稀植方法，由于本地缺乏旱地，而水田大多排水不畅，余姚市试种了几年，没有大面积推广。余姚市从1997 年开始大面积推广水稻抛秧、直播，使传统的水稻人工"弯腰"插秧改变为"直腰"抛秧和直播，大大地减轻了农民种稻的劳动强度，也减少了生产用工。

水稻机插是解决"三弯腰"的最后一道难题，也是实现水稻全程机械化必经之路。余姚市在 1958 年成功研制了木质立式插秧机，以后也引进了几种插秧机，但终因插秧质量不高，没有推广。余姚市真正的机械化插秧是从 2007 年开始，推广 1 万多亩，2010 年达15.21 万亩，占水稻总面积的 41.41%，2013 年面积最大，17.19万亩，占水稻总面积的 52.67%，近几年不再进行机械插种补助，面积略减，但仍接近水稻总面积的一半左右。

在形成轻简技术的基础上，水稻栽培上还围绕稻米品质形成、品质优化、与质量提高，开展了以保优栽培、无公害栽培为主的水稻优质栽培技术研究；围绕水稻产量源与库、个体与群体、地上部与地下部等主要生育关系，开展了以稀植栽培、群体质量栽培、超级稻栽培等为主的水稻高产超高产技术研究和应用；围绕节约资源和改善生态环境，开展了以节水、节肥栽培及秸秆还田等为主的资源高效利用技术研究与开发。

第一节　人工插秧时期栽培历史回顾

一、第一代稻作栽培技术

20 世纪 50～60 年代，总结推广劳模经验，继承与改革结合，改革传统农业，反映在第一代稻作栽培上的技术要点如下：

1. 育秧技术的改革　"养囡靠娘，种田靠秧""秧好一半稻"的俗语反映出人们历来对育秧都十分重视。但早稻清水浸种，箩、桶草扇保温催芽等老习惯，造成"箩里得病、田里送命"，种子损失十分严重，加上传统"研砚漕式"水育秧，缺氧造成成秧率很低。20世纪50年代开始推广精选种子、药剂浸种、地坑大堆催芽、"5406"菌种拌种催芽以及浸种不催芽、塌谷播种"双层"覆盖地膜保温育秧。早稻秧田改水秧田为合式秧田、半旱秧田、通气秧田，进行科学灌水等，这些改革措施解决了千百年来的早稻烂秧问题。晚稻育秧60年代之前采用"青、黄、青"中间控水的消极办法防徒长；其后采用旱播水育秧、两段育秧等方法控制徒长；80年代中后期采用化控技术，解决了壮秧与徒长的矛盾，培育了壮秧。

2. 耕作管理的改革　中华人民共和国成立前早稻盛行冬耕晒白或灌水泡田，部分地区的耕作管理还不十分科学。20世纪50年代以后，特别是余姚西北地区农民或劳模单位，在稻作栽培做得十分到位，其精耕细作程度在水稻栽培的教科书中也很难找到。例如稻田耕作整地，在冬耕晒垡的基础上，春季用铁耙再行掘"翻墒"破泥鼻，双手很少有不起血泡的；泥土晒白后，再进行"双耕双耖"，然后灌水耥平，捞除浪头碴，清除虫蛹卵块，再按田块大小拉线开好"十、井、田"字沟，留好操作垄，做到面平如镜再行插秧；稻作农事操作中最为精细辛苦的是余姚农民传统的跪地爬行耘田除草，俗称"摸六株头"。一般连作早、晚稻每垄种6行，水稻插后7天左右开始，要耘田3~4次，农民需双脚跪在稻行间，边耘田边爬前行，要株株耘到，这种方式对水稻增产有利，但面朝泥土背朝天，头顶太阳晒煞，早夜蠓飞蚊虫咬煞，脚蚂蟥叮煞，稻大叶片割煞，叶尖刺煞，遇雷阵雨淋煞，全身泥、水、汗、血（蚂蟥叮的血）像烂糊田里的"泥鳅"一个，真是辛苦难受。直到70~80年代在稻作生产上应用"铁牛"代替耕牛，机耕机弹解放了生产力，同时推广化学除草，才逐步废除了人工耘田，解决了农民千百年来的疾苦。

3. 植保技术的改革 水稻病虫多种多样，历来给产量造成严重损失，一般为减产三成，重灾年份减产四至五成或更多，20世纪50年代前蝗虫、螟虫、铁甲虫等对水稻危害都十分严重。历史上特别是将蝗虫形容为"蝗飞蔽天"、"稻棵"基穗几无遗粒，造成民间"闻蝗色变"，因此在姚西牟山一带就有"迎刘猛将军驱蝗治虫，保水稻丰收"的传说和活动。1912年至50年代前期，防治水稻病虫害，政府主要号召农民冬掘稻根、焚毁田边杂草、保护青蛙和燕子、点灯诱蛾、采卵捕蛾、春耕灌水、插烟茎、拔枯心苗等方法，这些措施因费工化时，大多有令不行，收效不大，稻谷损失仍然十分严重。如1953年丈亭区晚稻遭受螟害，平均亩产只收18.5千克，有近万亩颗粒无收。60年代开始使用化学农药和选用良种等措施，有效地控制了蝗虫、铁甲虫、稻蝽象的发生，但螟虫、卷叶虫、稻瘟病此起彼伏，同时新的病虫害又时有发生。1963年城北、低塘、丈亭3区的14个公社，首次在早稻上发现病毒病——黑条矮缩病，俗称"矮稻""倒座"，当时不明真相，群众心急如焚，县府上报，由农业部派来全国著名的植保、昆虫、生理、土壤和栽培等方面专家对水稻"倒座"问题进行现场会诊，结果明确此病以灰稻虱秧苗为主传毒所致。找到了病因，拟订了防治措施，并为浙江省内外稻区类似的病害防治也提供了经验。1963年开始建立病虫测报站，根据稻作栽培制度的变化和科学的预测结果，确定全县水稻以"三虫三病"（螟虫、稻飞虱、稻苞虫和稻热病、纹枯病、白叶枯病）为重点防治对象，采取农业防治、人工防治、药剂防治和综合防治等措施，把病虫害及鼠害的损失降到最低限度。

4. 农机具的改革 1949年之前，农村历来使用人力、畜力农具，水稻作业工效低下。1948年，牟山湖合作农场引进抽水机3台、拽引机（拖拉机）3台，日耕田20亩，为境内水稻田使用灌溉、机耕之始。1955年起，逐步进行农机具改革，1965年华东电网输电开始农用供电，1966年后，普遍使用拖拉机、抽水机、打稻机、喷雾器（机）等农业机械，稻田耕、耙、排灌、植保、脱粒、运输、加工等，逐步实现自动化、半自动化机电作业，解放了生产力，促进以水稻为主粮食生产的发展。

二、水稻"稀少平"栽培技术

在"稀少平"技术之前，传统稻作技术曾采用密播秧、多本栽插、前期猛促、中后期猛控，结果群体搞得很大，成穗率不高、结实率较低、千粒重偏小、病害重、易倒伏，不仅不能增产，反而费种、费肥、费农药。自 1978 年起，浙江省农业科学院以蒋彭炎为首的课题组在总结高产栽培经验教训的基础上进行了试验研究，提出了一套与普通栽培法明显不同的高产栽培法——"稀少平"栽培法。该栽培法采用稀播、少本插和平稳促进的肥水管理技术，是在一定群体基础上攻大穗的一种新的高产栽培技术体系。在高产栽培条件下，具有较大的高产潜力，常年亩产在 550 千克左右，灾年亩产也可达千斤，比一般栽培法增产 7.9%～16.5%。1984 年，"稀少平"栽培法已遍及南方稻区的九省一市，并一直沿用至 20 世纪 90 年代初。

从 1984 年开始，余姚市推广以稀播壮秧和平衡促进的施肥技术为中心的"稀少平"第二代高产栽培技术，在实现早稻稳产高产的同时，还大幅度地突破晚稻产量。"稀少平"栽培法的技术要点如下：

1. 大幅度降低秧田播种量，培育分蘖壮秧　我国稻作制度繁多，秧龄长短不一，秧田播种量不可能一个样。但仍有原则可循，即从既希望秧苗粗壮、带蘖多和又要求尽量节省秧田这一原则出发，将秧田分蘖发生的停止期作为某一播种量的最佳秧龄。如在浙江地区，秧龄 30～35 天、六叶一心前移栽的绿肥田早稻，每亩秧田播种量以 40～50 千克为宜，平均每株带蘖 0.5～1 个，秧龄 40～45 天、叶龄 3.5 左右移栽的迟熟春粮田早稻，每亩秧田播种量以 15～30 千克为宜，平均每株带蘖 2 个以上，早、中熟春粮田早稻的播种量介于两者之间。稀播后，还需结合改进秧田施肥技术，才能达到培育分蘖秧的目的。因此，必须增加秧田肥料，早施断奶肥（提早到一叶一心），分量多次施肥，在拔秧前两个叶龄期停止氮肥施用，使其有一定时间，由"得氮耗糖"阶段转入"得氮增糖"，成高氮高糖的壮秧。勤除杂草也是育好稀播分蘖秧的重要一环。

2. 大幅度降低本田用种量，减少每丛插秧本数 "稀少平"栽培法密植技术的总的原则是：一定穗数的基础上，尽量增大分蘖穗的比重，一定基本苗（包括秧田分蘖）的基础上，尽量减少主茎苗数；一定行株距的基础上，实行少本栽插，尽量避免产生夹心苗，形成田中密、丛中稀的合理布局。从而使全田的各个体生长均一健壮，使稀播壮秧的个体优势在本田中得到进一步发展。具体的密植技术要因地制宜。一般中等以上肥力的土壤，分蘖力中等偏上的品种，本田期尚有两个有效节位可供分蘖的稻作，在（16.7～20.0）厘米×（10.0～13.3）厘米的条件下，每丛 2～3 本（主茎苗）即可。土壤肥力高、起发快、品种分蘖力强，本田营养生长期长的，还可以少插一本，反之，宜多插 1～2 本。大量资料证明，大幅度降低本田用种量，减少每丛插秧本数（主茎苗），是群体平稳发展的基础，使穗数与最高茎数之比稳定在 1∶（1.4～1.5），提高成穗率，达到大穗高产。

3. 减少前期肥料用量，增大中后期肥料的比重 根据多年多地的试验结果，在稀播少本插的基础上，采用平稳促进的施肥技术，最有利于个体与群体协调发展，获得较高产量。一般中等肥力的土壤，每亩总用肥量折纯氮 12.5～15 千克，其中 5% 左右作基肥和耙面肥，而且一半左右为有机肥，并配施适当数量的磷、钾肥。移栽后 5 天和 10～12 天，稻苗已返青扎根和开始分蘖时，各施一次分蘖肥，合计占总施肥量的 25% 左右，促进正常分蘖，早发而不猛发。幼穗第一次枝梗分化期前后，当发现叶色略有褪淡时，每亩可施硫酸铵 5～7.5 千克，适当增加植株氮浓度，提高分蘖成穗率。主茎减数分裂初期（50% 主茎剑叶露尖），在始穗前10～15 天，重施一次保花肥。每亩施硫酸铵 7.5～12.5 千克，用来减少颖花退化，增加每穗粒数。施肥量宜根据稻苗群体大小、叶片氮素水平和土壤供肥能力等，适当增减。齐穗前后，如发现叶色略有褪淡，穗数与计划穗数相近时，仍需补充少量氮素，每亩施5～7.5千克硫酸铵，使蜡熟期上位叶保持一定含氮水平，以延长叶片功能期，提高光合效率。叶色比较深或遇成熟期日照不足的年份，则宜少施或不施，以减少糖分消耗，增加物质累积。

4. 中期提早搁田，多次轻搁，后期上灌下渗，干干湿湿　常规栽培在密播多本插和一头轰施肥的情况下，由于群体过大，中期常采用一次重烤田的措施，以抑制群体进一步增大，控制纹枯病大发生，但带来了稻苗长势受挫、根系生长不良、后期易早衰等问题。在"稀少平"栽培的条件下，由于群体发展合理，中期无需重烤田控苗，而采用多次轻搁田的技术，使群体继续得到平稳发展，个体健壮生育。试验结果表明，采用中期早搁多次轻搁、后期上灌下渗的灌溉技术，能有效地改善土壤氧化还原状况，增大发根量，增强根系活性；增大叶片气孔开度，延长叶片功能期；控制弱势分蘖发生量，提高下位分蘖成穗率，增加实粒数和千粒重。该灌水技术可简要表述如下：在深水护苗返青、浅水促进分蘖的基础上，至全田总茎数接近计划穗数指标时始排水搁田，搁至土壤含水量45％左右，直观上为田土硬实不开裂、人踏田面见脚印而不下陷时复水约3.3厘米，2～3天后再搁，反复多次进行，逐步加厚土壤硬实层。至花粉母细胞形成期停止搁田，建立水层。齐穗后，创造条件，采用一次灌浅水，任其自然渗漏，日渗漏量控制在1.5～2.0厘米，落干后再灌再渗，直至收割前3～5天停灌，硬田割稻。

三、水稻三高一稳栽培技术

水稻三高一稳栽培法是水稻在高产的基础上进一步提高产量的栽培新技术。自1986年起，浙江省农业科学院以蒋彭炎为首的课题组，以提高成穗率为突破口，以"稳穗增粒"为主攻目标，进行了一系列试验。在理论上和实践上解决了两大难题：一是解决栽后早发与控制无效分蘖的矛盾；二是解决较低的苗峰和尽可能有较多穗数的矛盾。在 1990 年形成了比原有技术增产一成的新技术——水稻三高一稳栽培法。自 1990 年问世以来，推广面积迅速扩大。

水稻三高一稳栽培法的基本特征是在一定个体数量的基础上，通过个体生产力的进一步开发，提高群体生产力水平。即：在壮秧早发的前提下，有效地控制后期无效分蘖，进一步提高个体素质，组成高效群体；以大幅度提高成穗率来稳定高产所需的穗数；以促进产量形成期的光合效率来提高单位面积实粒数和经济系数；形成一个高成穗率、高实粒数、高经济系数和稳定高产所需穗数的水稻高产栽培理论与技术体系。

1988 年，余姚市围绕"吨粮田"建设目标，积极推广了高成穗率、高结实率、高光能利用率、稳定亩有效穗数基础上争大穗的"三高一稳"第三代高产栽培技术，进一步提高水稻稳产高产程度，1996 年粮食平均亩产第一年超过 1 000 千克，达到 1 015 千克，为当时全国少有的"吨粮市"。

水稻三高一稳栽培法围绕"高成穗率"和"稳穗增粒"，对几个主要技术环节作了较大幅度的调整。

（一）壮秧少本密植

个体生产力的开发必须贯穿自播种至成熟的整个生育过程的始终。因此，首先必须强调培育带蘖壮秧。稀播是育成壮秧的关键，一般亩播种量每减少 10 千克，主茎总叶数增加 0.18 片左右。稀播壮秧少本密植后，分蘖发生节位提早，有效分蘖节位数增加，而且从茎蘖利用优势值来看，所增加的分蘖节位都是强优势值的分蘖，穗型较大。但以经济效益考虑，播种量并不是越少越好，据秧田群体分蘖消长规律，在适宜条件下，分蘖可按"叶蘖同伸"原理发生，当苗蘖总量达到高峰值后，新的分蘖就停止发生，接着分蘖开始陆续死亡。如在分蘖尚未停止发生时拔秧移栽，便造成了秧田面积的浪费。但若至分蘖已大量死亡时移栽，不仅个体质量下降，而且苗蘖总量减少，也不够经济。秧田总苗数以分蘖开始死亡前最多，而分蘖本身则以刚停止发生时最为健壮。据此再根据前作、秧龄和秧期温度等，确定相应的秧田播量。根据浙江省早、晚稻育秧期间的气温和不同秧龄。一般秧田播量为：早稻叶龄 5.1～5.5 叶移栽、秧龄 30 天左右的，亩播 40～50 千克；叶龄 5.5～6.5 叶、秧龄 35 天左右的，亩播 30～40 千克；叶龄超过 7.1 叶移栽的迟熟品种、秧龄 40 天左右的，亩播 20～30 千克。晚稻叶龄 8.1～9.0 叶移栽、秧龄 30～35 天的，亩播 20～30 千克；超过 9 龄移栽、秧龄 40 天左右的，亩播 10～20 千克。在稀播的基础上，还需结合增施秧田肥料，早施断奶肥和促蘖肥，喷施多效唑，勤除杂草等，以育好壮秧。在适宜行株距、插足亩丛数的基础上，少本匀插也是进一步开发个体生产力的重要一环。基本苗太少，前期的群体生长量不足，致使到了该采用控蘖措施的时期，因总苗数不到预定的要求，延误配套技术实施时机；基本苗太多，也会因群体基数过高，导致群体过大，削弱个体生育，影响成穗率。基本苗经验方式见《水稻三高一稳栽培法论丛》（中国农业科技出版社，1993）。根据秧苗素质和该品种高产所需穗数即可算出合适的基本苗数。

（二）按前促蘖、中壮苗、后收粒的原则施肥

三高一稳的施肥技术要求苗期的土壤供氮量能够促进早发，保证基部 2～3 节分蘖芽能正常萌动出蘖；待总苗数达到计划穗数苗时，土壤中的铵态氮量已经减少到不能再长出新的分蘖。这样，通过前期肥料的合理施用，使其既能达到早发及时够苗的要求，又能在分蘖中后期达到自然控蘖的目的。拔节期后，一般水稻均停止分蘖，且部分分蘖开始死亡。若前期用肥量适当，此时补施一定量的肥料（通常在倒 2 叶露尖时施用，俗称保花肥），不仅可减少颖花退化，且能提高弱蘖成穗的能力。始穗前后，若叶色褪淡，施用粒肥，有提高后期叶片光合效率，从而增加结实粒数和提高粒重的功效。根据上述原理和各地多年的试验，认为在底施有机肥 750～1 000 千克和适量磷、钾肥的基础上，参照一般高产所需的总氮量，大致按面层肥 50%～70%、保花肥 20%～30%、粒肥 10%～20% 的比例分配是恰当的。原则上不需再施分蘖肥。但如果苗数插得过少，或早稻栽后遇低温而影响肥料释放的，就宜在栽后 3～5

天内及早增施分蘖肥；若面层肥的用量不足，也宜在返青扎根后立即补上。

（三）超前搁田（或深灌水）控制后期无效分蘖

排水搁田能控制分蘖的发生，这已为大家所熟知。排水之所以能控蘖，有两个理由：一是重搁，土壤含水量在 35％ 以下，土发白、开大裂，因水分亏缺，使稻株停止分蘖；然而在这种情况下，新的分蘖固然不能发生、可是已发生的分蘖也会受到影响。显然这不是高产稻作所能采用的。二是轻搁，土壤含水量保持在 40％～45％，在这种水分状态下，植株仍能正常生育，只是土壤铵态氮量因搁田而下降，下降到 30×10^{-5} 左右时，分蘖的发生就停止了。而铵态氮浓度保持在 $25 \times 10^{-5} \sim 30 \times 10^{-5}$ 的水平，已出生的分蘖仍能健壮成长，正常发育成穗。这是三高一稳技术所需要的。生产上搁田控蘖的效果不佳，主要是前肥太重，土壤溶液中铵态氮浓度基数较高，尽管搁田多，铵态氮仍未下降到不能使分蘖停止的程度。可见轻搁只有与合理施肥结合起来，才能达到满意的控蘖效果。从开始搁田到对分蘖发生影响有一个过程，再说已经萌动伸长的分蘖芽（四幼一基期）受影响甚少。因此，要控制几节位分蘖，始搁时间必须提前到 $n-2$ 节位分蘖刚出生时进行，以便于生产上操作考虑。提前到全田总苗数达到计划穗数苗的 80％ 时开始搁田，即为超前搁田，基本上能使对产量构成有重要贡献的强势蘖正常成长，弱势分蘖受到抑制，达到控蘖、稳穗、增粒的目的。为避免搁田时间太长，土壤含水量过低对稻苗带来的不良影响，又不至于大量弱势分蘖因复水而再行陆续发生，因此宜多次轻搁。直至 50％ 主茎倒 2 叶露尖、欲施保花肥时再建立水层。深灌水也能控制分蘖的发生，在水源条件充足、或者搁田期遇长期阴雨无法搁田时，可采用深灌水技术。即当全田总苗数达到计划穗数苗的 80％ 左右时开始灌深水，水深以不浸没主茎最上位全展叶的叶枕为度；而后随着苗体长高，逐渐加深水层；最深至 20 厘米左右，一直保持到主茎倒 2 叶露尖、欲施保花肥时排浅田水。若水深维持 10 厘米左右，也有一定的控蘖作用。

第二节　水稻轻简栽培高产技术

一、水稻抛秧栽培

水稻抛秧栽培，是指采用纸筒、塑盘等育苗钵体培育出根部带有营养土块的相互易分散的水稻秧苗，或采用常规育秧方法育出的带土秧苗，手工掰块分秧，然后将秧苗撒抛于空中，使其根部随重力自由落入田间定植的一种水稻栽培方法。水稻抛秧最早始于日本。我国自 20 世纪 60 年代开展水稻带土小苗人工掰块抛秧试验，70 年代至 80 年代初期，在引进日本抛秧技术的基础上开始研究水稻钵体育秧抛栽技术，90 年代以来，又随水稻抛秧栽培非常符合广大稻农对省工、节本、高效技术的迫切要求，因而得到了较快的发展，应用面积逐年扩大，应用范围不断拓宽。

20 世纪 90 年代中期余姚市引进推广，深受农民欢迎。水稻抛秧具有如下优点：一是比手插移栽的工本大幅度降低。一般 1 人工能手插 0.5 亩左右，而抛秧能抛 2 亩，工效提高 4 倍，劳动强度大大减轻。二是节约秧田。抛栽秧田与大田的比为 1:（30～35），而移栽方式，秧田与本田比早稻 1:（7～8），晚稻 1:（5～7）。早稻抛栽可增加冬作面积，晚稻抛栽可增加早稻面积。三是增产。当时限制种粮大户产量提高的主要因素之一是插种基本苗不足，导致有效穗数不足而减产，抛秧提高了基本苗数，保证田间有足够的有效穗，从而获得高产稳产。同时种粮大户遇到的另一大问题是农忙季节劳动力紧张、雇工难，插种季节得不到保证，特别是双夏期间，问题更为突出。种粮大户采用抛秧栽培，通过争季节、促早发、提高产量。1997 年全市早稻抛秧面积达 3.45 万亩，晚稻 3.32 万亩，占水稻总面积的 8.6%。以后大幅增加，2000 年达 15.6 万亩，占水稻总面积的 26.7%。2001 年后种植业结构调整，水稻总面积下降、单季稻面积增加，抛秧面积、比率略有下降，2005 年开始又逐年增加，2009 年占水稻总面积 41.5%，其中连作稻抛秧占连作稻总面积的 70.8%。以后又随着机械化插秧的推广，水稻抛秧面积又逐年减少，至 2017 年抛秧占比已不到 5%。人们要么选择直播要么选择机插，因直播最简便，而机插作业由大户承担，并且机插育秧有流水线作业，比抛秧育秧轻松高效。而抛秧需要育秧，人们不想再辛苦劳作了。

水稻抛秧主要应用于早稻和连作晚稻，水稻抛秧栽培技术如下，因 2009 年左右面积最大，以下技术以当时的现状为参考。

(一) 育秧技术

1. 秧田准备　选择肥力中等、排灌方便、背风向阳、田面平整、邻近大田的田块。秧田和大田比例为 1∶(18～25)。播前 5～7 天精做秧板，保证秧板充分沉实。要求秧田面平、草净、沟深、排灌灵通。秧板净宽 160 厘米，沟宽 30 厘米。秧板做好后，秧沟内留半沟水。做秧板时一般在毛秧板上亩施碳酸氢铵 15～20 千克、过磷酸钙 20 千克和氯化钾 5～7.5 千克，或三元复合肥（15∶15∶15）15～20 千克。

2. 品种选择与种子处理　选用抗倒伏性强、分蘖力中等、穗型大、抗病性好、产量高的优良品种。目前可选用的早稻品种有嘉育 253 等，连作晚稻品种有秀水 134、宁 88 等。

播种前选择晴好天气晒种 1～2 天，连作晚稻要防止高温曝晒。结合浸种做好精选种子和消毒处理工作。药剂处理可用二硫氰基甲烷或咪鲜胺制剂，按说明书要求，兑水使用，早稻浸 48～72 小时，连作晚稻浸 48 小时左右。浸种后捞起种子在通气保湿条件下保持 35～38℃ 催芽，破胸露白后降至 30～35℃，当芽长半粒谷时即可播种。早稻也可不经催芽直接播种。播种前每 1 千克种子用 10% 吡虫啉可湿性粉剂 2～3 克加少量水溶解后均匀拌种。

3. 铺盘装泥　一般大田需备 ZK434 型秧盘，早稻每亩为 90～100 盘，晚稻为 110～120 盘。秧盘在秧板上横放两排，盘与盘的边沿密接，不留缝隙，并使秧盘底部陷入泥中，陷入深度约为秧盘高度的 1/4，切忌秧盘在秧板上悬空。将秧沟内细糊泥捞起倒入秧盘，用扫帚扫入软盘孔内，然后把多余的泥土扫入沟中，待沉实后，孔内泥土厚度保持秧孔深度的 2/3。

4. 播种 早稻一般在3月底至4月初，抢"冷尾暖头"播种。连作晚稻播种期根据预期抛栽期和品种的安全齐穗期而定，一般在6月底至7月5日前播种。早稻大田准备种子约5千克，连作晚稻大田为5.5千克，每盘播45～55克。播种时要做到带秤下田，按每畦秧板的秧盘数称取芽谷，力求匀播细播。播种后用扫帚把盘面上的谷种扫入秧孔内，盘面不能留有泥土和种子。播种塌谷后，用17.2%苄·哌丹（幼禾葆）可湿性粉剂200～250克，或10%吡嘧磺隆可湿性粉剂10～15克，兑水40千克均匀喷雾，然后搭建小拱棚，覆盖薄膜。连作晚稻覆盖遮阳网遮阴。

5. 秧田管理

（1）早稻薄膜育秧。在秧苗二叶期前，一般要求密封薄膜，以保温、保湿为主，如膜内温度超过35℃，则需灌满沟水，以水降温。二叶期以后，根据气温变化及时通风炼苗，一般日最高气温达20℃的晴天应在两头揭膜，将膜内温度控制在30℃以下。如温度继续升高，则需掀起薄膜中段甚至全畦揭开半边通风。通风必须结合灌水，两头通风可以先灌"跑马水"，或在两头泼浇水；中段揭膜通风或全畦揭开半边通风，需先灌浅水上秧盘再揭膜；最后揭膜拆架也应先灌水。连作晚稻秧田覆盖的遮阳网在秧苗二叶期时揭去。

（2）水浆管理以沟灌湿润为主。早稻秧田在播种至二叶期，一般晴天灌半沟水，阴雨天排干水；二叶期后至移栽前3～5天，每隔3～5天灌一次平沟水或"跑马水"，始终保持盘土湿润，不轻易在盘面建立水层。在追肥、揭膜或遇低温寒潮时应短时间灌水上盘护苗。连作晚稻秧田水浆管理以保持盘土湿润为原则，土壤干时灌"跑马水"，移栽前1～3天排干秧沟水。

（3）秧田追肥。早稻育秧不施断奶肥，抛栽前4～5天看苗施起身肥，秧田施尿素3～5千克。连作晚稻在秧苗二叶一心时施断奶肥，秧田亩施尿素2～3千克；抛栽前3天施起身肥，秧田亩施尿素4～5千克。施肥时先灌水上盘，再施肥。

（4）化学调控。早稻育秧一般不用化学调控。连作晚稻在秧苗一叶一心时喷施 150～200 毫克/千克多效唑溶液，喷药液 50 千克，喷施时做到不漏喷，不重喷。

病虫害防治。秧田期病虫害，如稻蓟马、稻纵卷叶螟、飞虱、螟虫、纹枯病等，应根据病虫发生情况及时选用对口农药防治。

（5）秧苗标准。要求每亩大田育足秧苗 90～120 盘，每亩有秧苗 10 000～12 000 株，缺苗孔率控制在 10% 以下，有苗孔平均有苗 2.5～3 株。秧苗矮壮，生长整齐，叶龄 3.5～5.5 叶，苗高 18 厘米以下；叶片宽大挺健，叶鞘较短，叶色绿中透黄；根系发达，短白粗壮；无虫伤、病斑，无黄叶、枯叶；秧苗不串根。

（二）抛栽技术

1. 大田准备　大田翻耕后浅水耙田，要求达到田平、草净、面糊。田耙平后，开好围沟，每隔 4～5 米开一条丰产沟。基肥亩施碳酸氢铵 30～40 千克、过磷酸钙 25～30 千克，作耙面肥施用。

2. 抛栽　早稻当秧苗叶龄 3.5 叶、苗高 10 厘米左右、且日平均气温稳定在 15℃ 以上时，即可抢晴抛栽。连作晚稻应尽可能争取早抛，秧龄控制在 20～25 天，一般抛栽期不超过 7 月底。根据秧盘中秧苗的实际数量和计划落田苗数，确定每亩大田实际应抛的秧苗盘数。一般早稻亩抛基本苗 10 万～12 万株，连作晚稻亩抛 12 万～14 万株。

早稻抛栽前排干秧沟水，使盘中钵泥干爽，抛栽时先揭盘，适当晒盘后再起秧抛栽。连作晚稻抛栽前不要过早揭盘，尽可能做到边抛边揭盘，秧苗在运输和放置过程中应注意遮阳。

抛栽时要求大田薄皮水，先抛 2/3 秧苗，再用 1/3 秧苗补稀、补缺。早稻一般选择晴天中午前后抛栽，抛栽时应尽量避开大风大雨、西北风等不利天气。连作晚稻选择下午抛栽。抛栽后 3～5 天内及时删密补稀，合理匀苗。

（三）大田管理技术

1. 水浆管理

（1）立苗期。早稻抛栽后 3～5 天内田面不上水，晴天灌满沟水，雨天排干水。连作晚稻抛栽后至立苗前日灌夜排，即白天通过沟灌保持田面薄水层，夜间排干田水。同时抛栽后应开好平水缺，如遇大雨，应排干田水。

（2）分蘖期。全田立苗后，结合施肥和施除草剂，建立 3～4 厘米厚的水层，保水 4～5 天。此后放浅田水，促进分蘖，并适时露田。当全田苗数达到计划穗数的 80%～90% 时，即排水搁田，做到苗到不等时。搁田要做到早搁、轻搁、多次搁，控制高峰苗在每亩 40 万左右，同时分次挖深丰产沟。

（3）幼穗分化期和抽穗扬花期。一般采用灌一次浅水，自然落干后立即复水。

（4）灌浆结实期。采用干干湿湿、间歇灌溉的方法。一般 3～7 天灌一次浅水，自然落干至田面硬实而无明显裂缝，再复水，做到干湿交替，以田面湿润为主，直到成熟前 5～7 天断水。连作晚稻蜡熟期以后灌水宜采用灌"跑马水"的方式，断水时间以不影响机械收割为度。

2. 大田施肥　目标产量为 500 千克的田块，一般需亩施纯氮 11～13 千克、磷（P_2O_5）3.5～4.2 千克、钾（K_2O）6～7.5 千克。氮肥施用应掌握"前促、中控、后补"的施肥原则，基肥、分蘖肥、穗肥的比例早稻为 5∶3.5∶1.5，连作晚稻为 5∶4∶1。在施足基肥的基础上，早稻促蘖肥于抛后 5～7 天，结合灌水、除草施用，连作晚稻促蘖肥施用可提早 2 天；穗肥在倒 2 叶露尖时施用。钾肥 50% 作分蘖肥，50% 作穗肥。

3. 病虫草害防治　坚持"预防为主，综合防治"的植保方针，加强病虫害的预测预报，选用对口农药，及时做好水稻各个时期病虫草害防治。

大田整平后，用丁草胺兑水喷雾进行土表封闭杂草处理；抛栽后 5～7 天全田秧苗直立后，结合施肥，选用苯噻酰·苄（农朋友）、丁·苄或吡嘧磺隆（水星）等除草剂拌尿素撒施。对前期失除或除草效果不理想的田块，应尽早抓好补除工作。防除稗草等单子叶杂草，可用二氯喹啉酸。施药前排干田水，施药后 1～2 天灌水入田，并严格掌握除草剂的使用时间、用量与方法。

水稻病虫害主要有纹枯病、稻瘟病、二化螟、稻纵卷叶螟、稻飞虱、稻蓟马等，要按照当地植保部门的病虫情报，选用对口农药，掌握适宜的浓度和方法，及时用药，切忌盲目用药（具体方法见表3-1）。

（四）收割

当全田85％～90％的谷粒基本黄熟时，应及时收割。

二、水稻直播栽培

水稻直播栽培，是指将种子直接播于大田进行栽培的种植方式。20世纪50～60年代，我国北方稻区的许多国营农场曾经采用直播种稻，因为草害严重、产量低，不久又改为移栽。70年代，北方稻区改为节水、抗旱，又研究和发展了一种水稻旱种式的直播生产，推广面积曾达到10多万公顷。90年代以来，蕴含现代科技的直播稻，以其省工、省力、节本、高产高效特征，在南方稻区受到越来越多稻农的欢迎和采纳，并在实践中显露成效，特别是在我国东南沿海经济发达地区发展较快。据调查统计，目前全国直播稻的年种植面积在120万～150万公顷。

20世纪90年代中期余姚市引进推广水稻直播栽培。直播技术刚引进时，由于受草害、出苗整齐度、季节紧张等因素影响，应用面积比抛秧少。之后随着技术进步，同时单季稻面积的大幅增长，直播面积不断上升。2006年起，单季直播面积超过单季稻总面积的一半，2008年达76.3％。随着机械化插种的快速推广，面积和占比略有下降，但由于直播技术是最简便的方法，近几年直播面积又不断上升。目前，早稻、单季稻直播面积分别占70％、60％以上。

直播生产主要用于早稻和单季稻。刚开始推广时也在连作晚稻生产中有少量应用，但由于特早熟晚稻产量水平一般，以及落粒早稻混杂多未推广。近几年由于劳动力成本不断上升，又有少量大户采用特早熟晚稻品种进行连晚直播。

直播播种方法有人工手直播、机动喷直播、机械直播。2010

表3-1　主要病虫害及化学防治药剂与方法

主要病虫害	防治指标	防治药剂	剂型规格	药量（克、毫升/亩 兑水40~50千克）	使用方法	安全间隔期（天）
纹枯病	当水稻分蘖末期到圆杆拔节期、孕穗期丛发病率10%~15%、丛发病率15%~20%时	5%井冈霉素	AS	200	喷雾	14
		30%苯醚甲·丙环唑（爱苗、衣师傅）	EC	20	喷雾	40
稻曲病	破口前5~7天	15.5%三唑·井冈（保穗宁）	WP	100~120	喷雾	15
		5%井冈霉素	AS	300~400	喷雾	14
稻瘟病	在破口期和齐穗期	20%三环唑	DP	75~100	喷雾	21
		30%稻瘟灵	EC	120~150	喷雾	早稻：14 晚稻：28
二化螟	在卵块孵化盛期至孵化高峰后2~5天，在分蘖期每亩有枯鞘团100个或枯鞘率1%；在破口期，当枯心率达0.1%时	20%氯虫苯甲酰胺（康宽）	SC	10	喷雾	7
		10%阿维·氟酰胺（稻腾）	SC	30	喷雾	28
稻纵卷叶螟	每百丛有效虫量：分蘖期40条，穗期20条，要切实重视防治适期，严格掌握在2龄前幼虫用药	20%氯虫苯甲酰胺（康宽）	SC	10	喷雾	7
		32%丙溴磷·氟铃脲（骄子）	EC	45	喷雾	20
		40%毒死蜱（新农宝）	EC	80	喷雾	30
稻飞虱	水稻孕穗至齐穗期每丛8~10头，乳熟期每丛15~20头时	25%噻嗪酮（扑虱灵）	DP	30~40	喷雾	14
		25%吡蚜酮	SC	20	喷雾	7
稻蓟马	针对秧田和单播稻本田和可在水稻种子破胸露白时	10%吡虫啉	DP	按种子重0.2%~0.4%拌种，或在种子沥干后按1~2千克种子拌10克	拌种	20

年，浙江首创水稻喷直播技术，即将浸种催芽后的种子放入改装后的机动喷雾器，像喷药一样直接喷洒在稻田上的一种播种方法。广大农户也广泛采用。直播田相对要求田面平整，且需在播前开沟，做成 3～5 米的直播稻板，而采用机械直播上述要求相对较低，也不必先开沟，近几年种粮大户开始采用机械直播。

水稻免耕直播是指在收获上一季作物或空闲后未经任何翻耕犁耙的稻田，先使用除草剂灭除杂草植株和落粒谷幼苗，催枯稻茬或绿肥作物后，稍作修整再灌水沤田，待水层自然落干或排水后进行直播。它改变了传统的翻耕栽培做法，直接整地播种，简便易行，省工节本，还能减少水土流失，改良土壤，促进生态平衡。一些散户或机械设施缺乏的小大户采用也较多，目前生产上应用的往往前作也是直播水稻且冬季空闲的田块，此类田块有现存的秧沟，板面也较平整。

目前直播是最节工省本的水稻栽培方法，具有以下优点：①省工省力，劳动生产率高。一个工可播种 5 亩左右，又不需要育秧，与手插秧相比，平均每亩省工 3～4 个。②能缩短生育期。因为没有拔秧伤苗和移栽后返青的过程，能提早分蘖，生育期比同期播种的移栽稻缩短 5～7 天。③不占用秧田，有利于扩大种植面积。④投入产出率高，经济效益好。据有关资料，水稻直播可以缓解劳动力季节性紧张的矛盾，同时便于机械化作业和提供机械化程度，特别对种植大户和大、中农场有重要的应用价值。如余姚市海涂地，2018 年正大集团种植 1.5 万亩，采用大型机械撒播干种子，后再灌水浸种，然后再放水发芽出苗，1 天 1 台大型机械可播种800 亩，大大提高了生产效率。

目前余姚市生产上大部分采用的水稻直播技术如下：

（一）播前准备

1. 田块准备 直播可以翻耕后直播，也可以免耕直播。

（1）翻耕田准备。冬闲田播种前 7 天、早稻绿肥田播种前 15天、单季晚稻前茬作物收获后翻耕大田，播种前 3 天平整好田块，要求田块平整，每隔 3～5 米开一条直沟，沟宽 30 厘米，做到沟沟相连、排灌通畅，田面整洁。

（2）免耕田准备。清洁田地并开沟，除草灭茬。

2. 品种选择与种子处理　选用株型紧凑、茎秆粗壮、耐肥抗倒伏、抗病性强、后期转色好的优良品种。早稻有甬籼 15、中早 39 等；单季晚稻有宁 84、秀水 134、甬优 538、甬优 1540 等。

播种前，选择晴好天气晒种 1~2 天，避免高温暴晒、热谷浸种。用 25％咪鲜胺乳油 3 毫升，兑水 5 千克，浸 5 千克种子。早稻浸 48~72 小时，常规晚粳稻浸 48 小时，杂交晚稻浸 36 小时左右。浸种后捞起种子，在通气保湿条件下保持 35~38℃催芽，破胸露白后降至 30~32℃，当芽长半粒谷时播种。每 1 千克芽谷用 10％吡虫啉可湿性粉剂 2~3 克加 15~20 毫升水溶解后均匀拌种。

（二）播种

早稻在 4 月中旬日平均气温稳定在 12℃以上时即可播种；单季晚稻在 5 月下旬至 6 月中旬播种，杂交稻播种宜早，常规稻播种略迟。

播种量按品种特性和播种期而定，早稻每亩播 5~6 千克；单季常规晚稻每亩播 3~3.5 千克；单季杂交晚稻每亩播 1 千克左右。

播种方式可采用机械直播或手工撒播。

（三）肥水管理

1. 水浆管理　前期水浆管理。秧苗三叶期以前不灌水上板，若土壤发白则灌跑马水。三叶期后除了施肥、除草、防病治虫等需灌水上板外，其余以湿润灌溉为主。

中后期水浆管理。常规稻每亩苗数约达到 18 万株、杂交稻每亩约达到 13 万株时即开始搁田，搁田应分次进行，由轻到重。每亩最高苗常规稻控制在 35 万株以内，杂交稻控制在 25 万株以内。拔节后采取浅水勤灌、陈水不干、新水不进的方法。孕穗后期至抽穗扬花期田间保持薄水层，以后干干湿湿，收割前 1 周断水。

2. 施肥技术

（1）早稻施肥方法。目标产量在每亩 500 千克的田块，每亩施纯氮（N）10~12 千克、磷（P_2O_5）4.5 千克，钾（K_2O）5 千克。基肥和追肥比例为 1∶1。追肥分两次施用，第一次施肥于三叶期灌水上板时施，隔 7～10 天施第二次追肥。

（2）单季稻施肥方法。常规稻品种目标产量在每亩 600 千克的田块，每亩施纯氮（N）13～15 千克、磷（P_2O_5）6～6.5 千克、钾（K_2O）8～10 千克。杂交品种目标产量在每亩 700 千克的田块，一般每亩需施纯氮（N）14～16 千克、磷（P_2O_5）6.5～7 千克、钾（K_2O）9～11 千克。氮肥的基肥、分蘖肥、穗肥比例为 4∶4∶2，分蘖肥分二次施用，第一次于三叶期灌水上板时施，隔 7～10 天施第二次追肥；穗肥以促花肥为主，倒 4 叶露尖时施促花肥，倒 2 叶露尖时施保花肥。后期有早衰趋势的田块选用磷酸二氢钾加尿素进行根外追肥。

（四）病虫草害防治

按照"预防为主，综合防治"的方针，运用农业、物理、生物、化学防治相结合的方法，控制病虫草害。

1. 除草

（1）翻耕前。冬闲田翻耕前 10～15 天，每亩用 30％草甘膦水剂 200～400 毫升，兑水 30～40 升全田喷施。

（2）播种后。播种塌谷后 2～4 天内，每亩用 40％苄嘧·丙草胺可湿性粉剂 60 克，兑水 40 千克均匀喷雾。

（3）营养生长期。对稗草、千金子等杂草较多或前期失除的田块，应尽早抓好补除工作。防除稗草可用五氟磺草胺、二氯喹啉酸，防除千金子可用氰氟草酯，施药前排干田水，施药后 2 天灌水入田并保持水层 5～7 天，必须严格掌握除草剂的使用时间、药量与方法。

2. 防病 纹枯病从分蘖末期封行开始，用己唑醇、噻呋酰胺或井冈霉素等药剂防治。稻曲病应抓住水稻破口前 7～10 天最佳防治时间，用肟菌·戊唑醇等药剂防治，大穗型品种 5～7 天后再防一次。注意稻瘟病和细菌性病害的预防。防治稻纵卷叶螟、螟虫、稻飞虱等虫害，应根据虫害发生情况，选择对口农药，适时进行防治。也可采用性诱剂、杀虫灯、田边种植香根草等物理、生物措施防治，见表3-2。

表3-2 直播水稻主要病虫草害化学防治药剂与方法

防治对象	通用名	有效成分含量	每亩用量	施药方法
	乙多·甲氧虫	34%	24毫升	喷雾
二化螟	阿维·甲虫肼	10%	60毫升	喷雾
	阿维·氯苯酰	6%	40毫升	喷雾
稻纵卷叶螟	氯虫苯甲酰胺	20%	10毫升	喷雾
	阿维·抑食肼	33%	30克	喷雾
白背飞虱	吡虫啉	70%	4克	喷雾
褐飞虱、灰飞虱	吡蚜酮	50%	20克	喷雾
	烯啶·吡蚜酮	80%	10～15克	喷雾
	己唑醇	10%	50毫升	喷雾
纹枯病	噻呋酰胺	24%	20毫升	喷雾
	井冈霉素	5%	200～250毫升	喷雾
稻曲病	苯甲·丙环唑	30%	15～20毫升	喷雾
	肟菌·戊唑醇	75%	15克	喷雾
播种前除草	草甘膦	30%	200～400毫升	喷雾
播后封草	苄嘧·丙草胺	40%	60克	喷雾
失除田稗草	五氟磺草胺	2.5%	50～60毫升	喷雾
失除田千金子	氰氟草酯	10%	50～60毫升	喷雾

（五）收割

当全田85%～90%的谷粒基本黄熟时，应及时收割。

三、水稻机械化插秧栽培

水稻机插是解决"三弯腰"的最后一道难题，也是实现水稻全程机械化必走之路。1958年横河区（现为慈溪市）木匠陆友康研制木质立式插秧机成功，命名为浙江3号，单人操作，日插1亩余。1985年引进吉林"2ZT-735型"机动3马力插秧机1台，三七市镇试插，横行 8 棵，日插 20 亩，插秧质量不高，未能推广。随着农机部门不断加强农机配套研究，尤其是引进和合作开发洋马、久保田高速乘坐式插秧机后，机插技术日臻完善。再加上机械购置补贴、机械插种补贴等政府扶持与市场引导相结合，农机与农艺相配套，加速推进水稻生产全程机械化进程。

余姚市 2007 年开始推广 1 万多亩；2010 年达 15.21 万亩，占水稻总面积 41.41%；2013 年面积最大，为 17.19 万亩，占 52.67%；以后在 50% 左右；近年来由于机械插种补助取消，面积亦有下降。

机插育秧开始以本田秧沟泥浆育秧为主，后随着播种流水线普及，以硬盘营养土（基质）育秧为主，后来育秧技术又进一步发展为叠盘暗出苗后再放置秧田育苗。插秧机械开始为 9 寸机，后又出现 7 寸机，目前早稻和连作晚稻采用 7 寸机插秧，单季杂交稻采用 9 寸机插秧，单季常规稻也以 7 寸机为主，也有的选用 9 寸机。栽培技术如下：

（一）育秧准备

1. 秧田准备　选择肥力中等、排灌便利、背风向阳、田面平整的田块作秧田，单季稻秧田应远离小麦田。采用沟泥育秧的不要选择公路和机耕路两旁的田块。早稻和连作晚稻为 1∶60～1∶55；单季常规粳稻为 1∶90～1∶70；杂交稻为 1∶145～1∶120。

早稻播前 7～10 天、晚稻播前 3～5 天精做秧板，板面宽 1.6 米，沟宽 0.4 米。做秧板时先上水耕耙平整，待秧板做好后再排水晾板，秧板要达到"实、平、光、直"的要求。

2. 秧盘准备　根据 30 厘米行距插秧机机型确定育秧盘数，早稻和连作晚稻每亩大田准备 35～40 盘，单季常规稻为 25～30 盘，杂交稻为 15～18 盘。若采用 25 厘米行距插秧机，则早稻和连作晚稻每亩大田准备 40～45 盘，单季常规稻为 30～35 盘。

3. 营养土准备　选择肥沃、无残茬、无砾石、无杂草、无污染的土壤，适宜作营养土的有菜园土、已熟化的旱田土、水稻土等。根据育秧盘数确定营养土数量，每盘需营养土 4 千克，覆盖土 1 千克。肥沃的菜园土可直接过筛作营养土，其他类型的土壤需进行培肥，覆盖土不培肥。培肥的方法是：在土壤过筛后每 100 千克细土均匀拌入 0.5 千克的壮秧剂。培肥至少要在播种前 30 天进行。选择晴好天气及土堆水分适宜时进行过筛，要求土粒不大于 5 毫米，然后用农膜覆盖堆闷。用于早稻育秧的营养土在过筛后，每立方米营养土用 65% 敌克松 50～60 克兑水进行消毒。也可选用商品育秧基质，或两者的混合土。

4. 种子准备　根据不同茬口、品种特性及安全齐穗期，选择适合当地种植的优质、高产、稳产、抗性好的优良品种。目前余姚市可选择的早稻品种：甬籼 15、中早 39 等；连作晚稻品种：宁 88 等；单季稻品种：秀水 134、甬优 538、甬优 12、甬优 1540、甬优 15 等。

播种前选择晴好天气晒种 1～2 天，单季和连作晚稻要避免高温暴晒、热谷浸种。可用 25% 咪鲜胺乳油 3 毫升兑水 5 千克，浸 5 千克种子。早稻浸 48～72 小时，常规晚粳稻浸 48 小时，杂交晚稻浸 24～36 小时左右。浸种后捞起种子，在通气保湿条件下保持 35～38℃ 催芽，破胸露白后降至 30～35℃，当芽长半粒谷时即可播种。播种前每 1 千克种子用 10% 吡虫啉可湿性粉剂 2～3 克加少量水溶解后均匀拌种。叠盘出芽的不需要催芽。

（二）育秧技术

1. 秧苗标准　根系盘结，形成毯状秧块，四角垂直方正，不缺边不缺角；秧龄 15～20 天（早稻可延长到 25 天），叶龄 3.0～4.5 叶；秧苗个体健壮，无病虫害，植株矮壮，茎基扁蒲，叶挺色绿；苗质均一，根系发达，盘结牢固，提起不散，厚度 2～2.5 厘米，厚薄一致，苗高 13～18 厘米。

2. 播种期　早稻在 3 月 25 日至 4 月 5 日抢晴播种；单季晚稻在 5 月下旬至 6 月上旬播种，杂交稻播种宜早，常规稻播种略迟；连作晚稻在 6 月底至 7 月 10 日前播种，秧龄尽可能控制在 20 天以内。机插面积大的，要做到分批播种。

3. 用种量与播种量　早稻和连作晚稻每亩大田用种量为 4.5

千克，每盘播种折合干种子 30 厘米育秧盘 120 克左右（25 厘米育秧盘 100 克左右）；单季常规晚稻每亩大田用种量为 3 千克左右，每盘播种子 30 厘米育秧盘 110 克左右（25 厘米育秧盘 90 克左右），单季杂交稻每亩大田用种量为 1 千克左右，每盘播种子 60～70 克。

4. 机械播种营养土育秧　将所需硬盘依次放到播种机的传送带上。调节营养土排量活门，使秧盘的底土厚度控制在 2.0～2.3 厘米。调节喷水装置，控制喷水量，达到盘面无积水，底土全湿透的要求。调节播种装置，控制播种速度，使每只秧盘的播种量达到相应要求。调节覆土机排量活门，使覆土厚度控制在 0.5 厘米左右。在秧板上平铺秧盘，横排两行，依次平铺，秧盘紧密摆放，盘边沿紧靠，盘底与秧板紧密贴合（2016 年以来，采用水稻叠盘出苗技术，即将已播种子的秧盘搬进室内叠放，每叠最多 25 盘，用塑料布或湿棉布完全覆盖，保湿出芽。待幼芽出土比例 80％以上、芽长 5～10 毫米 时移盘至秧田。）。

铺盘后，每亩秧田用 17.2％哌丹·苄可湿性粉剂 200～250 克，兑水 40 千克均匀喷施于板面。秧田灌一次平沟水，灌水时不能淹没秧盘，通过盘底吸水使盘泥湿润。早稻育秧搭架覆盖地膜或在育秧大棚内育秧，单季和连作晚稻育秧搭架覆盖遮阳网。

5. 人工播种沟泥育秧　秧田基肥。早稻每亩秧田施壮秧剂 40 千克或三元复合肥（15-15-15）30 千克，单季和连作晚稻则每亩秧田施三元复合肥（15-15-15）20 千克，直接施于毛秧板。

在秧板上平铺秧盘（硬盘或软盘），横排两行，依次平铺，秧盘紧密摆放，盘边沿重叠或紧靠，盘底与秧板紧密贴合。将细糊泥放入秧盘，拣掉石砾、杂草、稻桩等杂物，然后沿秧盘边沿稝平，要求盘内泥浆厚薄均匀。秧盘中的泥浆经适当沉淀后即可播种，播种时做到按盘称量，匀播细播。播种后谷粒入泥较浅的需要塌谷。

早稻薄膜育秧，在秧苗二叶期前，一般要求密封薄膜，以保温、保湿为主，若膜内温度超过 35℃，则需灌满沟水，以水降温。二叶期以后，根据气温变化及时通风炼苗，将膜内温度控制在

30℃以下。通风必须结合灌水。单季和连作晚稻秧田覆盖的遮阳网在秧苗一叶一心期揭去。

6. 水浆管理　以沟灌湿润为主。早稻在播种至二叶期，一般晴天灌半沟水，阴雨天排干水；二叶期后至移栽前3～5天，每隔3～5天灌一次平沟水或"跑马水"，始终保持盘泥湿润。在追肥、揭膜或遇低温寒潮时应短时间灌水上盘，寒潮过后暴晴不要急于排水。单季稻以保持盘泥湿润为原则，土壤干时灌"跑马水"，移栽前1～3天排干秧沟水。连作晚稻在秧苗立针前灌水不要超过盘面，立针后经常灌"跑马水"，保持盘泥湿润。

7. 秧田追肥　早稻插种前4～5天看苗施起身肥，每亩秧田施尿素3～4千克；单季稻在插种前3～4天施起身肥，每亩秧田施尿素4～5千克；连作晚稻秧苗在插种前2～3天施起身肥，每亩秧田施尿素5～7.5千克。

8. 化学调控　单季和连作晚稻在秧苗一叶一心期分别喷施浓度为75毫克/千克和100～150毫克/千克多效唑溶液，每亩秧田喷40千克药液，喷施时做到不漏喷、不重喷。

9. 病虫害防治　根据秧田期病虫发生情况及时选用对口农药防治。

（三）移栽技术

1. 大田准备　整田要求达到田块平整，田面整洁；表土软硬度适中，上细下粗，上烂下实，插秧作业时不陷机不雍泥；泥浆沉实达到泥水分清，沉淀不板结，水清不浑浊。

结合耕耙施好基肥，一般每亩施碳酸氢铵25千克左右、过磷酸钙20～30千克，施肥后耙平。耕耙后沙质土沉实1天，壤土沉实1～2天，黏土沉实2～3天。连作晚稻泥浆经适当沉淀后，即可机插。

2. 秧苗准备　早稻采用薄膜育秧，插种前炼好苗，遇雨及时盖膜。将秧苗从秧盘中直接卷起，待运。连作晚稻在起秧前一天晚上灌"跑马水"，保持盘泥湿润。

在运秧过程中卷秧叠放层数不宜过多，秧块搬运次数要少，做到随起、随运、随栽。单季和连作晚稻在运秧过程中还要注意遮阳。

3. 移栽 插秧深度一般控制在 1.5～2.5 厘米，插种时田面保持薄皮水。

早稻和连作晚稻插种规格为：30 厘米行距插秧机 30 厘米×12 厘米，每亩插 1.85 万丛左右；25 厘米行距插秧机 25 厘米×14 厘米，每亩插 1.90 万丛左右。采用最大秧块插种。单季常规稻插种规格为：30 厘米行距插秧机 30 厘米×14 厘米，每亩插 1.6 万丛左右；25 厘米行距插秧机 25 厘米×16 厘米，每亩插 1.65 万丛左右。采用最大秧块插种。单季杂交稻应根据品种特性确定插种规格，一般插种规格为 30 厘米×21 厘米，每亩插 1.0 丛左右。

早稻如气温适宜要争取早插，连作晚稻尽可能在 7 月底之前插种，单季稻要严格控制秧龄。插种后要及时灌水，深度以不淹没心叶为宜，同时开好"平水缺"。当出现较长断垄或大空洞时需人工补缺。

(四) 栽后管理

1. 水浆管理

(1) 返青期。栽后灌水采用干湿交替法。早稻栽后至第一张新叶抽出白天灌浅水，晚上灌深水；单季和连作晚稻栽后至第一张新叶抽出日灌夜排，栽后第二叶采用短时间露田促根法。

(2) 分蘖期。浅水促蘖，并做到经常露田。当全田苗数达到计划穗数的 80%～90% 时，即排水搁田。单季晚稻要注意苗到不等时，早稻和连作晚稻要注意时到不等苗。搁田要做到早搁、轻搁、多次搁，结合搁田分次挖深丰产沟。

(3) 幼穗分化期和抽穗扬花期。一般采用灌一次浅水，自然落干后立即复水。

(4) 灌浆结实期。采用干干湿湿、间歇灌溉的方法。一般 3～7 天灌一次浅水，自然落干至田面硬实而无明显裂缝，再复水，做到干湿交替，以田面湿润为主，直到成熟前 5～7 天断水。单季和连作晚稻蜡熟期以后灌水宜采用灌"跑马水"的方法，断水时间以不影响机械收割为度。

2. 大田施肥

（1）早稻和连作晚稻施肥。目标产量在每亩 500 千克的田块，一般每亩需施纯氮（N）12～13 千克、磷（P_2O_5）4.5～6 千克、钾（K_2O）5.5～7.5 千克。早稻和连作晚稻氮肥的基肥、分蘖肥、穗肥比例为 3.5∶5.5∶1。在施好基肥的基础上，分蘖肥分二次施用，早稻第一次施肥于插种后 7～10 天，连作晚稻于插种后 4～5 天施，结合除草施用，隔 7 天施第二次肥；穗肥在倒 2 叶露尖时施用。钾肥 50%作分蘖肥，50%作穗肥。

（2）单季稻施肥。目标产量在每亩 600 千克的田块，一般每亩需施纯氮（N）14～16 千克、磷（P_2O_5）6～6.5 千克、钾（K_2O）10～12 千克。氮肥的基肥、分蘖肥、壮秆肥、穗肥比例为 2.5∶3.5∶1∶3，分蘖肥分二次施用，第一次于插种后 5～7 天，结合除草施用，隔 7～10 天施第二次肥。穗肥以促花肥为主，保花肥为辅。钾肥分 4 次施用，20%作基肥，20%作分蘖肥，30%作壮秆肥，30%作穗肥。

3. 病虫草害防治 坚持"预防为主，综合防治"的植保方针，根据病虫害的预测预报，选用对口农药，及时做好水稻各个时期病虫草害防治。

大田整平后，用丁草胺兑水喷雾进行土表封杀杂草处理；早稻插种后 7～10 天，单季和连作晚稻插种后 5～7 天，结合施肥，选用苯噻酰·苄、丁·苄或吡嘧磺隆等除草剂拌尿素撒施。对前期失除或除草效果不理想的田块，应尽早抓好补除工作。防除田间稗草、千金子等禾本科杂草，可选用五氟磺草胺加氰氟草酯，阔叶杂草较多的田块，再混用灭草松，兑水均匀细喷雾，喷药前排干水，喷药后第二天复水并保持 5～7 天。

水稻病虫害主要有纹枯病、稻瘟病、稻曲病、二化螟、稻纵卷叶螟、稻飞虱、稻蓟马等，要按照当地植保部门的病虫情报，选用对口农药，掌握适宜的浓度和方法，及时用药，具体方法见表 3－3。

表3-3 水稻机械化插秧主要病虫害及化学防治药剂与方法

主要病虫害	防治指标	防治药剂	剂型规格	药量（克/亩、毫升/亩）（兑水40~50千克）	使用方法
纹枯病	分蘖末期到圆秆拔节期丛发病率达10%~15%，孕穗期丛发病率达到15%~20%时	24%噻呋酰胺	悬浮剂	20	喷雾
		32.5%苯甲·醚菌酯	悬浮剂	30	喷雾
稻曲病	破口前5~7天	15.5%井冈·三唑酮	可湿性粉剂	100~120	喷雾
		75%防霉·戊唑醇	水分散粒剂	15	喷雾
稻瘟病	在破口期和齐穗期	20%三环唑	可湿性粉剂	75~100	喷雾
		30%稻瘟灵	乳油	120~150	喷雾
二化螟	在卵块孵化盛期至孵化高峰后2~5天，当分蘖期每亩有枯鞘团100个或枯株率1%，破口期枯株率0.1%时	20%氯虫苯甲酰胺	悬浮剂	10	喷雾
		10%阿维·氟酰胺	悬浮剂	30	喷雾
稻纵卷叶螟	当分蘖期每丛有效虫量达40条，穗期达到20条时防治，并掌握在幼虫2龄前用药	20%氯虫苯甲酰胺	悬浮剂	10	喷雾
		20%氟苯虫酰胺	水分散粒剂	10	喷雾
稻飞虱	孕穗至齐穗期每丛8~10头，乳熟期每丛15~20头	25%噻嗪酮	可湿性粉剂	35	喷雾
		25%吡蚜酮	可湿性粉剂	20	喷雾
稻蓟马	水稻种子破胸露白时	10%吡虫啉	悬浮种衣剂	1:（100~200）（药种比）	拌种
杂草	早稻插后7~10天，单季稻和连晚插后5~7天	50%苄嘧·苯噻酰	可湿性粉剂	50~60	药土法
		35%苄·丁	可湿性粉剂	100~120	药土法
		60%吡嘧磺隆	可湿性粉剂	15~20	药土法
	杂草2~5叶期	60%五氟·氰氟草	可分散油悬浮剂	125	喷雾
		48%灭草松	水剂	150	喷雾

（五）收割

当全田 85%～90% 的谷粒基本黄熟时，应及时收割。

余姚市水稻轻简化栽培情况见表 3-4。

表 3-4 余姚市水稻轻简栽培情况（1997—2018 年）

单位：万亩

年份	早稻			单季稻			连作稻		
	抛秧	直播	机插	抛秧	直播	机插	抛秧	直播	机插
1996	0.665	1.8			0.5		1		
1997	3.45	3		0.03	1.5		3.89		
1998	5.66	3.33		0.08	0.86		6.06		
1999	11.08	3.53		0.17	1.2		9.17		
2000	8.01	2.5		0.54	2.27		7.09		
2001	5.63	2.32		0.97	1.33		3.87		
2002	3.4	1.65		0.39	0.81		3.68		
2003	2.11	0.73		0.78	2.1		1.5		
2004	2.64	1.13		1	2.8		1.79		
2005	4.05	2.5		1.54	4.59		4		
2006	4.61	2.64		0.5	5.4		5.3		
2007	5.38	2.76	0.34	0.1	7.35	0.6	8.28		0.16
2008	6.5	2.76	1.82		8.69	1.8	8.95		1
2009	5.64	1.85	2.91		7.89	3.11	9.1		2.74
2010	3.85	1.59	6.24		7.51	3.73	6.59		5.23
2011	3.35	1.27	5.7		6.1	5.29	5.04		5.2
2012	2.42	1.22	5.83		7.89	5.48	3.72		5.72
2013	1.88	1.61	5.61		7.57	5.77	3.49		5.81
2014	1.4	1.64	4.11		8.91	5.57	2.44		4.88
2015	0.89	1.29	3.43		8.6	6.2	1.38		3.96
2016	0.6	2	2.95		9.6	5.6	2		3.8
2017	0.3	3.7	2.5		7.6	6.51	1.03		4.81
2018	0.1	3.48	1.5		9.09	4.47	0.75		4.0

第三节 水稻其他优质高产
高效生态栽培技术

一、水稻薄露灌溉技术

水稻是水田作物,农民历史上就形成"水稻水稻,以水养稻"的思想观念。20世纪60年代以后普遍推广"勤灌浅灌"技术,这比传统的大水深灌、漫灌已有很大的进步,但稻田长期被水层覆盖所产生的各种弊端仍然没有根本的解决,同时浪费了日趋宝贵的水资源。市水利局教授级工程师奕永庆在1991年开始引进以"灌薄水,常露田"为基本特征的水稻薄露灌溉技术。经过三年高标准、严要求的选地建点试验研究和各水稻乡镇全面设方示范的实践结果表明:水稻薄露灌溉技术每亩增加水稻产量4～107千克(早稻、晚稻二茬);每亩节省灌溉水量100～180米³,节电8～15度基本功能,还具有节省劳力、优化米质(1994年经中国水稻所对早稻嘉籼758谷样化验结果,糙米率提高3.8%、精米率提高4.6%、蛋白质含量提高9.7%、赖氨酸含量提高2.8%、粗脂肪含量降低2.4%),缓解涝情,减少肥药流失,保护水环境等综合效益。

(一)技术要点

每次灌水尽量薄,约1.6厘米的"瓜皮水",灌水以后须露田,后水不可见前水,灌溉水层一样薄,露田程度有轻重。返青期间轻露田,将要断水即灌水,分蘖末期要重露,"鸡爪缝"开才灌水。孕穗至花开,对水最敏感,怕干不怕薄,活水不断水。结实成熟期,露田要加重,间隔"跑马水",裂缝可插烟。

(二)操作说明

1. 露田的程度根据水稻各生育阶段需水特性掌握轻重 前期(返青期到 拔节期)露田由轻到重。移栽后第五天就要露田,但表土露面,田间无积水时即复灌薄水。以后每次灌水后,待田面有细缝时才复水,但分蘖末期(达到13～15穗/丛或26万～30万穗/亩)时露田加重,可露至四周开裂10毫米,田中间不陷脚,叶色退淡，达到"重露控蘖"的目的。中期（孕穗期至抽穗期）露田轻上加轻。土壤含水量要保持完全饱和，田面未开裂即复水。后期（乳熟期至黄熟期）露田逐渐加重。乳熟期可露至开裂2～3毫米，黄熟期要露至开裂5～10毫米。上述各时期如遇连绵阴雨，田面连续淹水时间到第六天还不能自然落干露田，则要开缺排水露田。

2. 灌水深度要根据气温和其他农艺措施灵活掌握　早稻移栽时如遇到低温（低于15℃），晚稻移栽时如碰上高温（高于32℃），就要分别灌50毫米、70毫米深水，"以水保温"和"以水降温"。在水稻防治病虫、除草、施肥时仍应按施用农药、除草剂、化肥的要求灌水。

（三）技术原理

俗话说：水稻水稻，以水养稻；灌水到老，病多易倒伏；烂田割稻，谷瘪米少。田间长期淹水，土壤缺少氧气，而二氧化碳、甲烷、硫化氢等气体大量积累，毒害根系，使稻根变黄、发黑甚至腐烂，影响水和养分吸收，使水稻茎秆细长软弱，容易发病、倒伏，致使不能实现高产。薄露灌溉是浅水与露田反复交替，使田面有一半左右时间接触空气，而土壤保持湿润，能协调水分和氧气的矛盾，改善根部生长环境，促进根系生长，增加养分和水分的吸收；促使返青快、分蘖早，增加有效分蘖；使田间湿度降低，抑制病菌传播，提高抗病、抗倒伏能力，在节水、节电的同时实现水稻高产、优质。

（四）应用条件

一般土质均可应用，平原的"低洼田"、山区的"冷浸田"增产幅度特别大。只有山区沙性很重的"漏底田"不适用。稻田田面要平整，力争"田平如镜，半寸（约1.60厘米）水不露泥"。灌水渠、排水沟要畅通，前者还要防止渗漏，才能实现"灌排畅通"，灌得进，露得出。

二、水稻两壮两高栽培技术

2005年，浙江省率先育成第一个籼粳杂交稻品种。籼粳杂交稻生育期较长，植株较高，茎秆粗壮，根系发达，叶片光合面积大，穗大粒多，主要以足穗基础上攻大穗取得较大幅度增产，2014年在浙江省的应用面积扩大到了 20.63 万公顷，占杂交晚稻面积的 54.27％。籼粳杂交稻生育特性、生长特点和高产群体特征及技术措施与籼型杂交稻和常规粳稻都有较大差别，生产中存在育秧播种量过高、丛插本数过多、施氮量偏高等现象，往往导致成穗率降低、颖花退化加重、结实率降低，影响增产潜力的发挥。为此，2015 年浙江省农技推广中心在吸收水稻强化栽培和水稻精确定量栽培等高产技术原理的基础上，总结了各地水稻高产攻关和试验示范结果，组装集成了水稻"两壮两高"栽培技术。同年分别列入浙江省种植业"五大"主推技术和水稻主推技术。该技术"两壮"即壮苗、壮秆，"两高"即更高的群体总颖花量（亩有效穗数×每穗总粒数）、更高的籽粒充实度（结实率、千粒重）。"两壮两高"栽培技术主要是以培育壮苗为基础，以壮秆大穗为主攻方向，用适宜苗穗数量来构建高光效群体，用肥水促控来挖掘个体生长潜能，以足穗大穗来获取更高颖花量，以粗壮茎秆为物质支撑来获得更高的结实率和千粒重。

余姚市 2015 年开始推广应用。主要技术如下：

（一）确定"两高"指标

根据所选用品种的特性和目标产量，来确定总颖花量和充实度"两高"指标。如甬优 15 亩产 650～700 千克，每亩总颖花量 2 900 万～3 100 万，每亩有效穗数 11 万～12 万，每穗总粒数 260～300 粒，结实率 85％以上，千粒重 27 克；甬优 12 亩产 800 千克，每亩总颖花量 4 200 万，每亩有效穗数 13 万，每穗总粒 320 粒，结实率 85％以上，千粒重 22.5 克。一般籼粳杂交稻每亩有效穗应达到：甬优 15 为 12 万穗左右，甬优 538 为 13.5 万～16 万穗，甬优 12 为 12.5 万～14.5 万穗。这是确定合理基本苗和够苗期苗数的重要依据；在适宜穗数的基础上，每穗粒数、结实率和千粒重越高，产量就越高。

（二）技术要点

1. 因地制宜选品种　根据当地生态条件和对品种生育特性的

要求，因地制宜科学选用大穗型品种：杂交晚稻可选用甬优 12、甬优 538、甬优 15、甬优 1540 等品种；常规粳稻可选用秀水 134 等品种；早稻可选用中早 39 等品种。

2. 基质叠盘育壮苗　机插水稻基质叠盘育苗，是在工厂化硬盘育秧的基础上创新的一种育秧模式，其主要过程为由育秧中心完成育秧床土或基质准备、种子浸种消毒、催芽处理、流水线播种、温室或大棚内叠盘、保温保湿出苗等工作，其中需要注意的是：①播种后的秧盘每叠 25～30 盘，最上面摆放一张装土但不播种的秧盘，整齐摆放在温室内，保持温度 30～32℃、相对湿度 90% 以上 2～2.5 天，待种子出苗立针后直接移入秧田或大棚苗床育秧；②播种量要与移栽插秧龄配套，播种量高的要缩短秧龄，秧龄长的要降低播种量。如机插栽培在 3.5 叶前移栽，早稻秧龄 20～25 天，每盘（9 寸盘，下同）播种 120 克（干种子，下同）；单季稻秧龄 12～15 天，杂交晚稻每盘播 50～70 克；连作晚稻秧龄 15～20 天，每盘播种 50 克。

3. 稀植早发促壮秆　根据目标产量要求的适宜穗数和秧苗素质等确定合理基本苗，实行宽行、少本、稀植、足苗，促进壮苗早发，播后 40 天内够苗，为中后期群体通风透光、强根壮秆、形成高光效群体奠定基础。早稻机插在 4 月中旬移栽，30 厘米×12 厘米或 25 厘米×14 厘米，基本苗 6 万～8 万本，用种量 3～4 千克；移栽推迟的，每亩基本苗增加到 8 万～12 万本。单季杂交晚稻行距 30 厘米以上，株距 20 厘米以上，每亩栽插 1 万丛左右。手插每丛 1～2 本，基本苗 1.1 万～1.6 万本；机插每丛 2～3 本，基本苗 2.2 万～2.8 万本。手插每亩用种量 0.4～0.8 千克，机插或直播每亩 0.8～1 千克。单季常规粳稻直播或机插用种量 2～2.7 千克，基本苗 4.5 万～6.5 万本。机插 30 厘米×（14～18）厘米，穴直播 30 厘米×（14～18）厘米或 25 厘米×（16～20）厘米。

4. 三沟配套调水气　整理田块时在田块中开"田"字或"中"字形沟，沟宽约 40 厘米、沟深 20～25 厘米，加深田外排水沟渠，做到三沟配套，排灌顺畅，以利于调节水气，使地上部分与地下部分协调生长，促进壮苗早发、壮秆大穗。①移栽前大田沟内灌满水，畦面无水层或薄水层，以利小苗浅插或摆栽，提高移栽质量；秧苗栽插后2～3天内，保持薄水层护苗；②在有效分蘖期浅水灌溉与露田交替进行，确保田间湿润通气，以利于促进根系生长；③在够苗期，要及时加深丰产沟，排水搁田。一般在播种后40天左右开始搁田。搁田多次进行，由轻到重，单季晚稻搁田20天左右达到田土均匀硬实，田面不陷脚、开细裂缝，群体叶色褪淡落黄，无效分蘖得到控制。对于排水不畅的田块，到达倒3叶露尖之前仍需要继续实行轻度搁田；④在拔节、孕穗和灌浆这些时期进行干湿交替灌溉；在成熟期前7天左右断水，防止断水过早而引起早衰。

5. 巧施穗肥保大穗　根据目标产量、土壤供氮能力（基础产量），按斯坦福差值法公式确定氮肥的施用总量，氮、磷、钾配合施肥。一般亩产600千克总施氮量10～12千克；亩产700～800千克，总施氮量15～19千克，其中化肥氮14～17千克。提倡增施硅肥、有机肥，施用缓释肥等新型肥料。在实际生产中，要以"看苗、适时、适量"为原则施用穗肥。一般化学总氮量的30%～40%用作穗肥，在倒4叶露尖（距始穗38～40天）至倒2叶露尖（距始穗约25天），在群体叶色褪淡落黄（叶色顶4叶＜顶3叶）基础上施用1～2次。群体叶色一直不落黄，则穗肥不施氮肥，可在灌浆初期补施少量肥料。群体够苗迟、落黄早的田块，促花肥提早至倒5叶露尖时施用。一定要避免因穗肥施用过多、过迟，导致植株徒长过多消耗可溶性碳水化合物，引起碳氮比失调，而增加颖花退化数量和降低结实率。

6. 绿色综合防病虫　采用生态、物理和化学手段，综合防治病虫害。生态上，可在田埂上种植香根草或显花作物引诱害虫，或保天敌，或放赤眼蜂。物理上，安装杀虫灯。化学上，使用性诱剂诱捕害虫，选用高效低毒化学农药适时防治病虫害。浙江省晚稻孕穗到抽穗期常遇多阴雨天气，增加防治穗部病害难度，需要选用合适药剂及时防治，以提高防效。特别需要注意的是，对籽粒着粒密度大、易发稻曲病的籼粳杂交品种，在20%～30%植株零叶枕距时剑叶与倒 2 叶叶枕间距持平，如甬优 12、浙优 18 等品种在破口前 10～13 天第一次用药，6～7 天后第二次用药，始穗（5％抽穗）期一定要再次用药。避开上午 10 时至下午 2 时扬花时段打药；用药后遇雨淋刷，及时补打农药。

三、因种栽培技术——籼粳杂交稻甬优 538 单季栽培技术

在作物生产中，人们常将品种比喻成硬件（硬技术），栽培技术比喻成软件（软技术）。没有优质高产的品种，固然不可能获得优质高产；然而只有好的品种，没有相应的栽培技术配套，也达不到优质高产的目的，这是人们的共识。

甬优 538 是宁波市种子有限公司选育的籼粳杂交稻。2013 年通过浙江省审定（浙审稻 2013 022），2015 年被农业部确认为超级稻（农办科〔2015〕16 号）。余姚市从 2009 年开始小面积试种，表现高产稳产广适、抗病性好、植株较矮、收获指数高等优点。随着品种审定通过，甬优 538 在余姚市迅速推广，成为单季稻种植中面积最大的杂交稻品种。并经多年试验，甬优 538 分蘖力强、抗倒伏性好、株高适中，不仅是单季机插栽培的理想品种，也是单季直播栽培的理想品种。宁波市其他县市区情况亦类似。同时，从 2012 年开始，宁波全市各地着手对甬优 538 适宜的栽培方式及配套超高产栽培技术进行了探索和研究，已摸索出甬优 538 机插、直播栽培的一整套栽培技术。为明确籼粳杂交稻甬优 538 的栽培技术，更好地指导农业生产，余姚市农林局种苗管理站联合宁波市种植业管理总站等有关单位，编制了《籼粳杂交稻甬优 538 单季栽培技术规程 第 1 部分：机插栽培》和《籼粳杂交稻甬优 538 单季栽培技术规程 第 2 部分：直播栽培》宁波市地方标准。

（一）机插栽培

1. 育秧准备

（1）种子准备。每亩大田用种量 1～1.25 千克。

浸种前选择晴好天气晒种 1 天，避免高温曝晒、热谷浸种。选用 25％氰烯菌酯悬浮剂 2 000 倍液浸种 24～36 小时，种子与药液的比例为 1∶1.3。浸种后，种子在通气保湿条件下保持 35～38℃催芽，露白即可播种，播前室内摊晾，达到内湿外干、不粘手、易散落状态；智能水稻种子催芽箱催芽，按照说明书做好温湿度控制和检查工作。叠盘出芽的不需要催芽。每 1 千克芽谷用 10％吡虫啉可湿性粉剂 2～3 克加 15～20 毫升水溶解后均匀拌种。

每亩大田准备内径规格为 58 厘米×28 厘米的育秧盘 18～20 盘。流水线播种用硬盘。

育秧土采用干细土与基质按 2∶1 的比例均匀混合。干细土选取无砾石、无病菌、无污染、中性肥沃的土壤，如菜园土、水稻土等。取土前先进行育秧试验。土壤粉碎过筛，过筛后土壤粒径不大于 5 毫米。根据育秧盘数确定，每盘需营养土 4 千克、覆盖土 1 千克。

选择肥力中等、排灌便利、背风向阳、田面平整、远离麦田、运输方便的田块作秧田。秧本比 1∶（110～125）。

（2）秧板准备。冬季空闲期做透气秧田，先用拖拉机浅翻耕，然后开沟，沟宽 0.4 米、深 0.15 米，板面宽 1.6 米。营养土育秧，播前 7～10 天灌水上板，平整板面，高低差不超过 1.0 厘米，整平后放干沟水待播。泥浆育秧，播种前 7 天灌水上板，保持平沟水，播前 1 天放干沟水，然后将沟糊泥用工具放到板面上趟平待播；秧田沟中泥浆，取泥时要去除泥中杂物，现取现用。

2. 育秧 5 月中旬至 6 月初。播种量每盘播种折合干谷 50～60 克。

（1）泥浆育秧。每亩秧田施施三元复合肥（N‐P_2O_5‐K_2O＝15‐15‐15）30 千克，铺盘前直接施于秧板面。秧板上平铺秧盘，盘边沿重叠或紧靠，盘底与秧板紧密贴合。将细糊泥放入秧盘，沿秧盘边沿糊平，要求盘内泥浆厚薄均匀。秧盘中泥浆沉淀 12～24 小时后即可播种。

按每盘 50～60 克干谷折算芽谷用种量，按畦称量播种，均匀细播。播种后谷粒入泥较浅的撒 3～5 毫米覆盖土或塌谷。覆土或塌谷后，用 17.2%苄嘧·哌草丹可湿性粉剂每亩秧田 200～250 克兑水 40 千克均匀喷施于盘面。

（2）营养土机播育秧。调整播种流水线，使其处于正常工作状态。调节铺土量，使盘内底土厚度 20～25 毫米，铺放均匀平整。调节洒水量，使洒水后秧盘上的底土表面无积水，盘底无滴水，播种覆土后能湿透床土。调节播种量，使每只秧盘的播种量达到相应要求。调节覆土量，使覆土厚度为 3～5 毫米，要求覆土均匀、不露籽。

已播种子的秧盘搬进室内叠放，每叠最多 25 盘，用塑料布或湿棉布完全覆盖，保湿出芽。幼芽出土比例 80%以上、芽长 5～10 毫米时移盘至秧田，秧盘平铺摆放，盘边沿紧靠，盘底与秧板紧密贴合。铺盘后，用 17.2%苄嘧·哌草丹可湿性粉剂每亩秧田 200～250 克兑水 40 千克均匀喷施于盘面。然后盖遮阳网。盖完遮阳网后秧田灌一次平沟水，灌水不能淹没秧盘，通过盘底吸水使盘泥湿润。

3. 秧田管理 秧苗一叶一心期揭去遮阳网。秧苗一叶一心期喷施浓度为 100 毫克/千克多效唑溶液，每亩秧田喷 40 千克药液，喷施时做到不漏喷、不重喷。平时沟灌，保持盘泥湿润，土壤过干时灌跑马水，施肥喷药时灌水上秧板。移栽前 1～3 天排干秧沟水。移栽前 3～5 天每亩施尿素 4～5 千克作起身肥。据秧田期病虫发生情况及时选用对口农药防治。主要防治稻蓟马、灰飞虱等，做到带药下田。

4. 移栽 移栽前大田准备。空闲田播种前 20 天，小麦、油菜等冬种田上茬作物收获后及早翻耕大田。耕耙平整后沙质土沉实 1 天，壤土沉实 1～2 天，黏土沉实 3～4 天，机械插秧作业时不陷机不雍泥。

秧龄 15～20 天，苗高 12～15 厘米时移栽。起秧后将秧盘放入适宜的运输工具，切忌堆压。插种规格 30 厘米×21 厘米，每丛

2～3本，每亩插1万丛左右，迟播迟插的适当调小株距。每5～6米留操作行80厘米。机插深度1.5～2.5厘米，插种时田面保持薄皮水。插种后开好平水缺，浅水护苗，深度以不淹没心叶为宜。出现较长断垄时需人工补苗。

5. 大田管理

（1）水浆管理。栽后浅水护苗，第一新叶完全抽出后，适当露田。

①分蘖期。浅水促蘖，经常露田。当全田苗数达到目标穗数80%时开始搁田，分次进行、由轻到重，结合搁田挖好丰产沟。

②幼穗分化期和抽穗扬花期。灌一次浅水，自然落干后立即复水，重复交替。孕穗后期至抽穗扬花期田间保持薄水层。

③灌浆结实期。3～7天灌一次浅水，自然落干至田面硬实，再复水，做到干湿交替，以田面湿润为主。蜡熟期田面过干时灌跑马水，断水时间以不影响机械收割为度。

（2）施肥。目标产量每亩在700千克的田块，总用肥量每亩需施纯氮15千克，氮、磷、钾的比例为1∶0.2∶0.5，基肥、苗肥、穗肥纯氮的比例为4∶3.5∶2.5。

①基肥。结合耕耙施好基肥，一般每亩施水稻基肥专用配方肥（23-12-5）25千克。

②分蘖肥。分两次施用。第一次，移栽后5～7天，每亩施尿素7.5千克。第二次，间隔5～7天每亩施水稻穗肥专用配方肥（20-0-22）10千克。

③穗肥。倒4叶露尖施促花肥，倒2叶露尖施保花肥。总用量一般为每亩施水稻穗肥专用配方肥（20-0-22）20千克。

（3）病虫草害防治。坚持"预防为主，综合防治"的植保方针，加强病虫害的预测预报，以水稻病虫害绿色防控为主，并根据病虫情报，抓准时机，选准对口农药进行病虫害的防治。重点是做好二化螟、稻纵卷叶螟、稻飞虱等虫害，及纹枯病、稻曲病、稻瘟病、穗期综合征等病害的防治。病虫草害化学防治方法参照表3-5。

表 3－5　籼粳杂交稻甬优 538 单季机插主要病虫草害化学防治方法

防治对象			通用名与有效成分含量	每亩用量	使用方法
稻蓟马、稻飞虱			10％吡虫啉可湿性粉剂	每千克种子 2～3 克	拌种
二化螟			34％乙多·甲氧虫	24 毫升	喷雾
			10％阿维·甲虫肼	60 毫升	喷雾
稻纵卷叶螟			6％阿维·氯苯酰	40～50 毫升	喷雾
			10％甲维·茚虫威	20～30 毫升	喷雾
白背飞虱			70％吡虫啉	4 克	喷雾
褐飞虱 灰飞虱			50％吡蚜酮	20 克	喷雾
			20％呋虫胺	30～40 克	喷雾
			22％氟啶虫胺腈	15～20 克	喷雾
纹枯病			325 克/升苯甲·嘧菌酯	30 毫升	喷雾
			24％噻呋酰胺	20 毫升	喷雾
稻曲病			30％苯甲·丙环唑	15～20 毫升	喷雾
			75％肟菌·戊唑醇	15 克	喷雾
稻瘟病			20％三环唑	100 克	喷雾
杂草	插秧后 5～7 天		50％苄嘧·苯噻酰	50～60 克	毒土法
			35％苄·丁	100～120 克	毒土法
			10％吡嘧磺隆	15～20 克	毒土法
	杂草二至四叶期		6％五氟·氰氟草	125 毫升	喷雾
			48％灭草松	150 毫升	喷雾
	中后期补 除杂草四 至七叶期	稗草、莎草为主	2.5％五氟磺草胺	40～80 毫升	喷雾
		千金子	10％氰氟草酯	50～70 毫升	喷雾
		混生型杂草	五氟·氰氟草,混用灭草松		

6. 收割　待稻谷 90％以上成熟后，及时收割。

（二）直播栽培

1. 播前准备及播种

（1）种子准备。甬优 538 作单季直播栽培 5 月下旬至 6 月上旬播种，每亩大田用种量 1 千克左右，根据播种期适当增减播种量。

浸种前选择晴好天气晒种 1 天，避免高温暴晒、热谷浸种。

选用 25%氰烯菌酯悬浮剂 2 000 倍液浸种 24～36 小时，种子与药液的比例为 1∶1.3。

种子在通气保湿条件下保持 35～38℃催芽，手工播种催芽至芽长半粒谷；机械播种露白即可播种。播前室内摊晾，达到内湿外干、不粘手、易散落状态；智能水稻种子催芽箱催芽，按照说明书做好温湿度控制和检查工作。

每 1 千克芽谷用 10%吡虫啉可湿性粉剂 2～3 克加 15～20 毫升水溶解后均匀拌种。鸟害重的地方，每 5 千克芽谷加拌 35%丁硫克百威种子处理干粉剂 20 克，拌种前谷种表面保持湿润。

（2）大田准备。冬闲田播种前 20 天翻耕；冬种田待前茬作物收获后及早翻耕。播前 1～2 天，平整田块，按畦宽 3～4 米开直沟，沟宽 0.3 米，沟沟相通，排灌通畅。

（3）播种。机械直播或手工撒播。按每亩大田干种量算出芽谷用种量，按畦称量播种，均匀细播。

2. 大田管理

（1）水浆管理。秧苗三叶期以前不灌水上板，土壤发白灌跑马水。

三叶期后除施肥、除草、防病治虫等灌水上板外，其余以湿润灌溉为主。每亩苗数达 12 万时开始搁田，搁田分次进行，由轻到重。

拔节后浅水勤灌，陈水不干，新水不进。孕穗后期至抽穗扬花期田间保持薄水层。

灌浆结实期每 3～7 天灌一次浅水，自然落干至田面硬实，再复水，做到干湿交替，以田面湿润为主。蜡熟期田面过干时灌跑马水，断水时间以不影响机械收割为度。

（2）施肥。目标产量每亩在 700 千克的田块，总用肥量每亩需施纯氮 15 千克，氮、磷、钾的比例为 1∶0.2∶0.6，基肥、苗肥、穗肥纯氮的比例为 4∶3∶3。

　　基肥。结合耕耙施好基肥，一般每亩施水稻基肥专用配方肥（23-12-5）25千克。

　　分蘖肥分两次施用。第一次，三叶期灌水上板时，每亩施尿素5千克左右；第二次，距上次施肥后7～10天，每亩施水稻穗肥专用配方肥（20-0-22）10千克。

　　穗肥。倒4叶露尖时，每亩施水稻穗肥专用配方肥（20-0-22）10～15千克。倒2叶露尖时，每亩施水稻穗肥专用配方肥（20-0-22）10千克，后期有早衰趋势的田块选用磷酸二氢钾加尿素进行根外追肥。

　　（3）除草。大田翻耕前7～10天，选用草甘膦等灭生性除草剂灭杀老草。

　　播种塌谷后2～4天内，选择苄嘧·丙草胺等喷雾处理。前期失除田块或稗草、千金子等杂草较多的田块，在杂草叶龄一叶一心至二叶一心期进行茎叶处理。防除稗草可用五氟磺草胺，防除千金子可用氰氟草酯，施药前排干田水，施药后2天灌水入田并保持水层5～7天，必须严格掌握除草剂的使用时间、药量与方法。

　　（4）病虫害防治。坚持"预防为主，综合防治"的植保方针，加强病虫害的预测预报，以水稻病虫害绿色防控为主，并根据病虫情报，抓准时机，选准对口农药进行病虫害的防治。重点是做好二化螟、稻纵卷叶螟、稻飞虱等虫害，及纹枯病、稻曲病、稻瘟病、穗期综合征等病害的防治。化学防治方法参照表3-6。

表3-6　籼粳杂交稻甬优538单季直播主要病虫草害化学防治方法

防治对象	药剂名称与含量	每亩用量	施药方法
二化螟	34%乙多·甲氧虫	24毫升	喷雾
	10%阿维·甲虫肼	60毫升	喷雾
稻纵卷叶螟	6%阿维·氯苯酰	40～50毫升	喷雾
	10%甲维·茚虫威	20～30毫升	喷雾
白背飞虱	70%吡虫啉	4克	喷雾

（续）

防治对象	药剂名称与含量	每亩用量	施药方法
褐飞虱 灰飞虱	50％吡蚜酮	20 克	喷雾
	20％呋虫胺	30～40 克	喷雾
	22％氟啶虫胺腈	15～20 克	喷雾
纹枯病	325 克/升苯甲·嘧菌酯	30 毫升	喷雾
	24％噻呋酰胺	20 毫升	喷雾
稻曲病	30％苯甲·丙环唑	15～20 毫升	喷雾
	75％肟菌·戊唑醇	15 克	喷雾
稻瘟病	20％三环唑	100 克	喷雾
播种前除草	30％草甘膦	200～400 毫升	喷雾
播后封草	40％苄嘧·丙草胺	60 克	喷雾
杂草二至四叶期	6％五氟·氰氟草油悬浮剂	100～130 毫升	喷雾
杂草三至五叶期	46％2 甲·灭草松可溶液剂	133～167 毫升	喷雾
失除田稗草	2.5％五氟磺草胺	80 毫升	喷雾
失除田千金子	10％氰氟草酯	75 毫升	喷雾

3. 收割 待稻谷 90％以上成熟后，及时收割。

主要参考文献

陈国，沈国泰，金林灿，1994. 晚粳新品种宁 67 [J]. 作物品种资源
　　（03）：52.

程式华，李建，2007. 现代中国水稻 [M]. 北京：金盾出版社.

韩娟英，钟志明，叶伟兴，2004. 粳稻嘉花 1 号试种表现及栽培要点 [J]. 浙
　　江农业科学（04）：35 - 36.

韩娟英，2012. 早籼品种中早 39 在余姚的种植表现及高产栽培技术 [J]. 中
　　国稻米，18（01）：63 - 64.

韩娟英，2018. 甬优 538 不同栽培方式的产量和效益比较 [J]. 中国稻米，24
　　（02）：100 - 101.

韩娟英，杨立武，2012. 单季直播稻秀水 134 的播种试验 [J]. 浙江农业科学
　　（04）：457，462.

蒋彭炎，1985. 水稻稀少平高产栽培法 [J]. 农业科技通讯（11）：2 - 3.

蒋彭炎，冯来定，史济林，等，1992. 水稻三高——稳栽培新技术 [J]. 农业
　　科技通讯（02）：5 - 7.

来乐春，姚国光，1985. 早籼二九丰的特征特性和栽培技术 [J]. 浙江农业科
　　学（03）：120 - 123.

舒庆尧，夏英武，1999. 长江中下游地区优质早稻育种与生产应用 [M]. 杭
　　州：浙江大学出版社.

王岳钧，毛国娟，陈叶平，等，2017. 浙江省种植业主推技术之一——水稻两
　　壮两高栽培技术 [J]. 新农村（02）：18 - 19.

夏英武，范忠信，唐天明，1985. 早籼新品种浙辐 802 的选育与推广 [J]. 科
　　技通报（02）：45 - 46.

严忠苗，2009. 姚江特产 [M]. 杭州：浙江古籍出版社.

杨尧城，蔡金洋，虞振先，等，2007. 高产早籼稻品种嘉育 253 的主要特征特
　　性及栽培技术要点 [J]. 农业科技通讯（11）：86 - 87.

杨尧城，陈辉，张松柏，等，1996. 中熟早籼嘉育 280 的特征特性及栽培要点
　　[J]. 浙江农业科学（06）：14 - 16.

杨尧城，高小弟，钟志明，等，1995. 高产中熟早籼嘉育 293 的特征特性及其

栽培技术 [J]. 浙江农业科学 (01)：19 - 21，29.

姚海根，1983. 新品种晚粳秀水 48 和晚糯祥湖 24 的特征特性与主要栽培技术 [J]. 浙江农业科学 (06)：283 - 286.

叶复初，1994. 杂交水稻协优 46 的特征特性和栽培、制种技术要点 [J]. 中国稻米 (01)：11 - 13.

奕永庆，1997. 水稻薄露灌溉技术 [J]. 新农村 (07)：10.

虞振先，钟志明，2007. 粳稻秀优 5 号的种植表现及直播技术 [J]. 浙江农业科学 (06)：676 - 677.

张建培，2014. 余姚农林志 [M]. 香港：华夏文化出版社.

浙江省农业厅，2012. 粮油生产知识读本 [M]. 杭州：浙江科学技术出版社.

图书在版编目（CIP）数据

余姚水稻／韩娟英，钟志明，沈一诺编著．—北京：
中国农业出版社，2020.4
ISBN 978-7-109-26753-4

Ⅰ．①余…　Ⅱ．①韩…②钟…③沈…　Ⅲ．①水稻栽
培—余姚　Ⅳ．①S511

中国版本图书馆 CIP 数据核字（2020）第 053732 号

中国农业出版社出版

地址：北京市朝阳区麦子店街 18 号楼
邮编：100125
责任编辑：李　蕊　魏兆猛
版式设计：杜　然　责任校对：赵　硕
印刷：中农印务有限公司
版次：2020 年 4 月第 1 版
印次：2020 年 4 月北京第 1 次印刷
发行：新华书店北京发行所
开本：880mm×1230mm　1/32
印张：5.75　插页：1
字数：120 千字
定价：38.00 元